LE CERVEAU DE L'ENFANT

HUGO LAGERCRANTZ

LE CERVEAU DE L'ENFANT

*Traduit du suédois
par Agneta Nordh*

*Illustrations originales
de Lisa Olausson*

Cet ouvrage a été publié initialement par Bonnier Fakta,
sous le titre *I Barnets Hjärna*.

© Hugo Lagercrantz, 2005

Édition française :
© ODILE JACOB, FÉVRIER 2008
15, RUE SOUFFLOT, 75005 PARIS

www.odilejacob.fr

ISBN : 978-2-7381-2046-5

Préface

La biomédecine avance à une vitesse exceptionnelle. C'est sans conteste dû aux immenses progrès de la génétique. Un demi-siècle s'est déjà écoulé depuis la première étape du recensement du génome humain. Désormais, la biomédecine s'intéresse davantage à l'exploration du cerveau de l'homme, objet fascinant s'il en est. C'est un champ de recherche qui comporte encore bien des territoires inexplorés, et attire les scientifiques de différents horizons.

Malgré les progrès considérables de la recherche médicale, nous manquons toujours de connaissances concernant quelques phénomènes vraiment primordiaux pour nous, êtres humains. À titre d'exemple, nous ne savons toujours pas pourquoi nous dormons, ou ce qui se passe alors. Les rêves constituent un autre mystère qui n'a pas encore été élucidé. Quant aux bases cellulaires et moléculaires de la mémoire, elles restent en grande partie inconnues.

Le projet HUGO, grand projet international de séquençage du génome humain, nous a réservé bon nombre de surprises lorsque les résultats ont été divulgués au printemps 2001. Notamment que le génome humain contient beaucoup moins de gènes que prévu – il n'en compte qu'environ 25 000. Comment si peu de gènes peuvent-ils créer quelque chose d'aussi complexe qu'un cerveau humain ? Voici encore une autre énigme !

D'ici quelque temps, l'exploration du cerveau humain nous permettra sans aucun doute d'appréhender les mécanismes fondamentaux du système nerveux. Cela nous conduira à concevoir de nouveaux et meilleurs traitements contre les maladies psychiatriques, lesquelles provoquent actuellement de grandes souffrances, comme en témoigne l'augmentation accélérée de la consommation de psychotropes. Personne ne saurait contester l'intérêt, sur le plan médical, des recherches sur le cerveau. Cependant, il est évident qu'une connaissance poussée des fonctions cérébrales aura aussi des conséquences indésirables. En comprenant certaines fonctions cérébrales, nous disposerons de la possibilité d'agir sur elles et sur d'autres processus mentaux. La question est de savoir quel sort il nous faut réserver aux connaissances susceptibles d'expliquer les comportements de l'être humain, comme ses émotions.

L'une des premières tâches de l'Académie royale des sciences est de faire mieux connaître les résultats des travaux de recherche, non d'identifier les problèmes de société qui émergent lorsque la recherche gagne de nouveaux territoires. Désireuse de diffuser auprès d'un grand public certaines découvertes concernant le développement et la fonction du cerveau humain, l'Académie royale des sciences a entamé une collaboration avec le professeur Hugo Lagercrantz, précurseur et autorité en ce qui concerne le développement du cerveau chez le nouveau-né. Puisse ce livre, car tel est notre espoir, apporter à tous ses lecteurs quelques notions fondamentales sur l'organisation et le fonctionnement du système nerveux chez l'être humain.

Professeur Ulf Pettersson,
Président de la Commission de bioéthique
près l'Académie royale des sciences

Genèse et fonctionnement du cerveau : petite perspective historique

Le fait de naître, de décrocher un diplôme important, de se marier ou de remporter une médaille d'or sont des événements majeurs dans une existence. Mais rien n'égale la gastrulation, qui en constitue l'événement le plus fondamental selon l'embryologiste réputé Lewis Wolpert. Sans elle, en effet, nous resterions sous la forme d'un agrégat de cellules ressemblant à une framboise, la morula. La gastrulation survient au cours de la 3e semaine qui suit la fécondation, et permet à la morula à s'organiser. Avant la gastrulation, toutes les cellules sont identiques, et chacune peut devenir un être humain ou un animal. Lors de la gastrulation, un individu en trois dimensions apparaît, avec une face dorsale et une face ventrale, une tête et une queue. De même, le système nerveux central s'esquisse sous la ligne neurale.

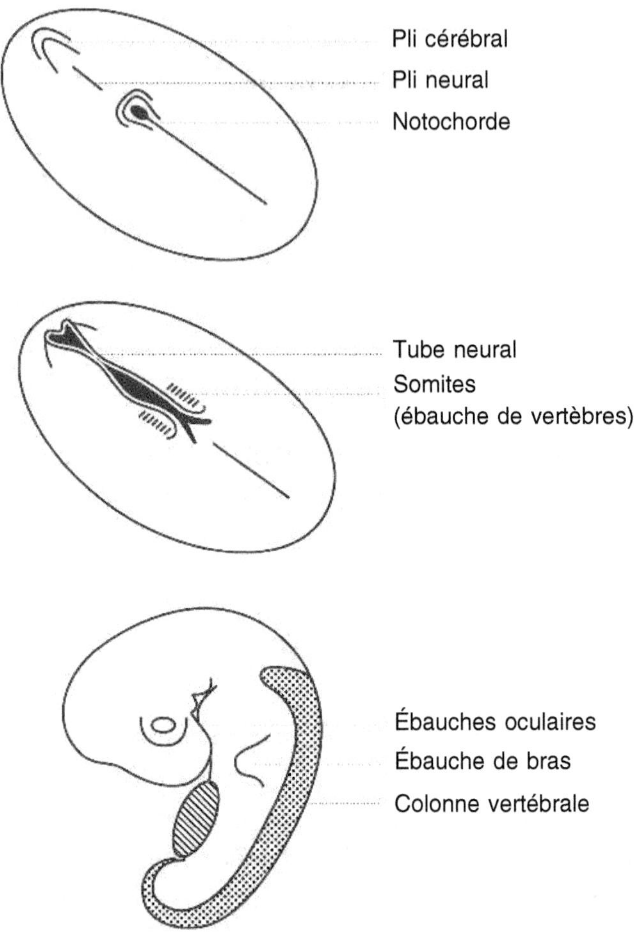

L'événement le plus important de la vie – la gastrulation. Entre les couches cellulaires externe et interne se forme un tube, qui constitue l'ébauche de l'axe rostro-caudal. À partir de celui-ci s'organisent la tête et les différents segments du corps. Le disque embryonnaire se transforme en un individu tridimensionnel.

À la naissance, le cerveau contient 100 milliards de neurones. Comment réagissent-ils lorsqu'ils sont stimulés par de nouvelles impressions visuelles, auditives ou olfactives provenant de l'environnement situé à l'extérieur de l'utérus ? Que se passe-t-il dans le cerveau du nouveau-né quand celui-ci sort de son sommeil fœtal, ou lors de son premier contact visuel avec sa mère ? Que peut penser un bébé de 6 semaines quand il répond à un sourire ? Que se passe-t-il dans le cerveau d'un enfant de 3 ans pendant une promenade des plus banales au supermarché du coin ? L'adulte pense surtout aux courses qu'il doit faire, et seule une zone limitée de son cerveau s'active. Chez l'enfant, en revanche, d'importantes régions du cerveau sont activées, et à chaque seconde se crée un million de connexions entre les nerfs, qu'on appelle synapses. Les portes qui s'ouvrent et se ferment, les plaques d'égout sur le trottoir, les pavés, la pizzeria, les gens en route pour le travail, les enfants et les personnes âgées, les chiens et les poussettes – tout donne lieu à des questions en cascade que l'enfant pose ensuite à l'adulte.

La question de la genèse du cerveau suscite chez l'être humain un sentiment d'émerveillement et de respect, comme celle de la genèse de l'Univers, pour paraphraser le philosophe Emmanuel Kant (1724-1804) – Kant, lui, pensait au moi invisible et à la morale, pas au cerveau qui en est le substrat. L'homme semble plus curieux de savoir comment il est devenu ce qu'il est que de connaître la provenance des trous noirs dans l'Univers.

Avant de vous raconter la genèse et le développement du cerveau, je vous propose ici un bref historique de l'évolution des conceptions modernes du fonctionnement du cerveau.

Le cerveau, siège de l'esprit

Autrefois, on considérait généralement que l'enfant commence à vivre lorsqu'il naît et respire pour la première fois. Léonard de Vinci (1452-1519), sur son célèbre

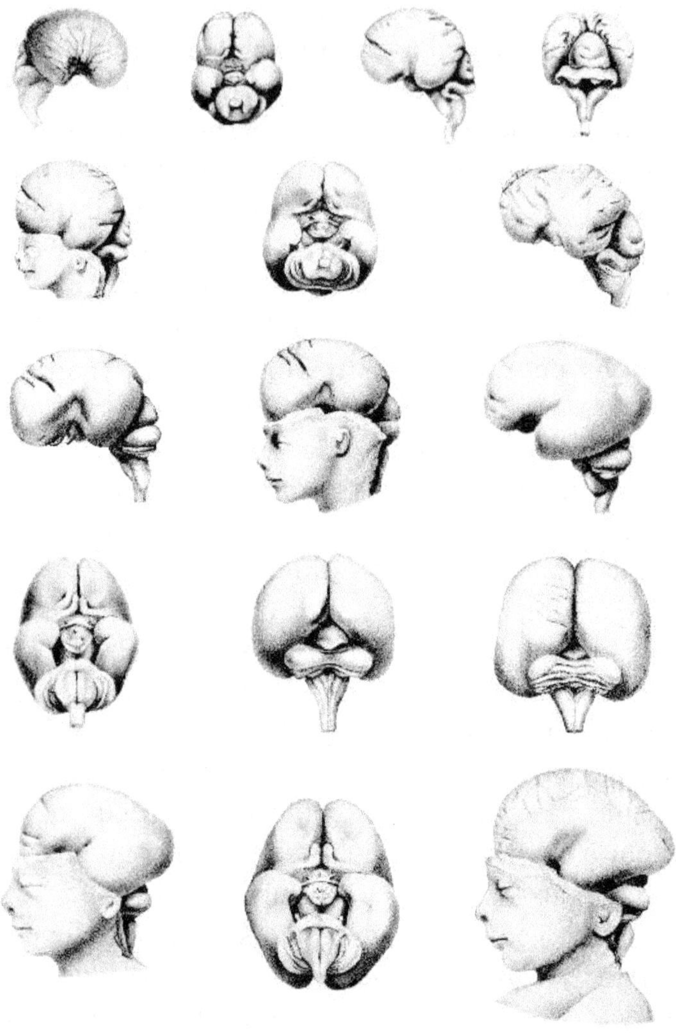

Le cerveau chez le fœtus et l'enfant, dessiné par Gustaf Retzius et publié dans Das Gehirn des Menschen *(« Le cerveau de l'homme ») en 1896. C'est vraisemblablement Retzius qui a défendu l'attribution du prix Nobel décerné à Ramón y Cajal et Camillo Golgi en 1906. En collaboration avec Cajal, il a découvert les cellules nommées Cajal-Retzius dans le cerveau.*

dessin de fœtus, note ainsi que celui-ci ne vit pas avant de naître. On parle alors d'esprit animé ou *spiritus*. Selon le médecin grec Galien (130-201), le pneuma psychique, autrement dit l'air, est créé dans la cavité du cerveau, et circule ensuite dans les nerfs. Cet air sacré communique des impressions sensorielles et des impulsions aux muscles. Pour Aristote (384-322 av. J.-C.), c'est le cœur qui est le siège de l'activité intellectuelle la plus élevée – l'âme –, et les impressions visuelles et auditives sont transférées par l'air directement vers le cœur.

C'est seulement au cours de la Renaissance qu'on comprend que le cerveau est le siège de l'activité intellectuelle. Des études et des dessins précis sont effectués par le Flamand Vesale (1514-1564), qui exerce à Padoue. Celui-ci intitule son ouvrage de planches anatomiques *De humani corporis fabrica*. Le corps et son cerveau ne sont plus à l'image de Dieu, mais une fabrique. Cette conception est partagée par René Descartes (1596-1650) qui, lui aussi, considère le cerveau comme une machine. Reste cependant le problème de l'âme qui, selon Descartes, est en relation avec le cerveau à travers la glande pinéale (*corpus pineale*). En bon catholique, Descartes ne peut pas prétendre que l'âme est également matérielle. D'où son dualisme, avec, d'un côté, le cerveau matériel et de l'autre, l'âme immatérielle ou esprit.

La grande avancée dans la description et la compréhension du cerveau a lieu à Oxford, en Angleterre, vers le milieu du XVIIᵉ siècle. Thomas Willis (1621-1675) fait la distinction entre la substance grise, où a lieu l'activité intellectuelle même, et la substance blanche, qui distribue le *spiritus* ou l'influx nerveux à tous les organes du corps. Il situe l'âme dans le *corpus striatum*, le corps strié, un peu en dessous de la glande pinéale de Descartes. On sait aujourd'hui qu'il participe au contrôle de la coordination

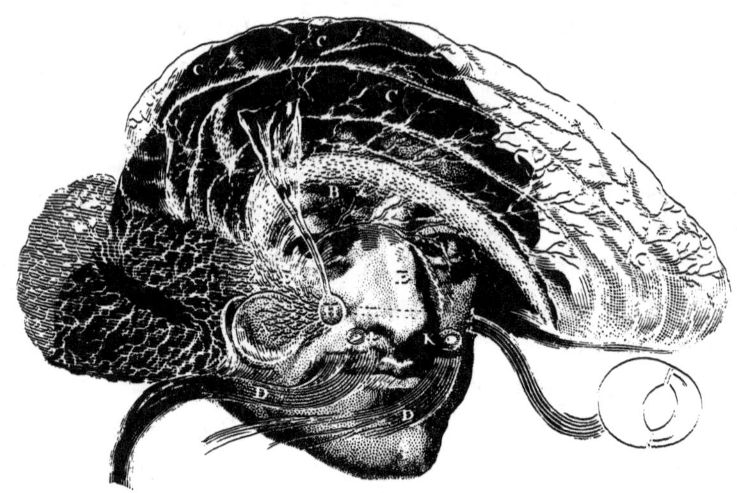

Le portrait de Descartes, ici transposé sur l'un de ses dessins du cerveau. Au centre, on voit la glande pinéale, qui selon le philosophe sert de point d'articulation entre le cerveau et l'âme (d'après N. Wade, avec son aimable autorisation).

des mouvements : cette zone contient une grande quantité de dopamine, qui diminue lors de la maladie de Parkinson. Pour en revenir à Willis, suite aux pressions exercées par l'archevêque de Canterbury, il est finalement contraint d'admettre que l'âme est inaccessible au scalpel.

Pendant la Révolution française, on estime que le cerveau « sécrète » des pensées tout comme le foie sécrète de la bile. Le matérialisme fait son apparition, et l'âme et le cerveau ne sont plus considérés comme sacrés. Suivant cette nouvelle conception, le médecin autrichien Franz Joseph Gall (1758-1828) rejette les idées de Galien concernant l'âme et l'esprit. Selon lui, les capacités intellectuelles dépendent d'impressions sensorielles et sont localisées dans différents lobes du cerveau, idée qui est aussi avancée par mon compatriote Emanuel Swedenborg (1688-1772). Pour Gall, il y aurait vingt-sept centres pour l'ensemble des sentiments, depuis l'instinct maternel jusqu'à la colère et la cruauté. Gall a correctement placé la mémoire et le langage dans le lobe frontal ; pour le reste, il a spéculé en toute liberté et s'est trompé sur certains points. Dans l'histoire, il est surtout connu pour être le fondateur de la phrénologie, théorie selon laquelle les caractéristiques spirituelles de l'être humain seraient en corrélation avec la forme du crâne et les protubérances crâniennes. Ces idées bizarres ont malheureusement entaché sa réputation, qui sans cela aurait pu être meilleure.

Mais c'est au chercheur français Paul Broca (1824-1880) que l'on doit une découverte fondamentale. Broca effectue une autopsie sur un homme qui souffrait d'une forme d'aphasie, mais qui semblait pour le reste avoir eu une intelligence normale. Cet homme présentait une lésion de la partie centrale du lobe frontal, c'est-à-dire l'aire de la parole, ou aire de Broca, comme on l'appelle aujourd'hui. Cette découverte marque le début de la *belle époque* des recherches sur le cerveau, époque où l'on réussit à rattacher de plus en plus de fonctions cérébrales aux différentes aires du cerveau. Elle coïncide avec le naturalisme, qui est alors à son zénith et où l'on réduit les sentiments à du vitriol ou à du sucre.

Le neurone

Jusqu'à la fin du XIXe siècle, on considère que le cerveau est composé d'un réseau continu de nerfs (*syncytium*). Quand on commence à étudier la formation du système nerveux, on découvre alors qu'il est constitué de cellules rondes, qui, petit à petit, développent des prolongements, d'abord l'axone, longiforme, puis les dendrites.

Le neuroanatomiste dont les théories prédominent à l'époque, Camillo Golgi (1844-1926) de Padoue, développe

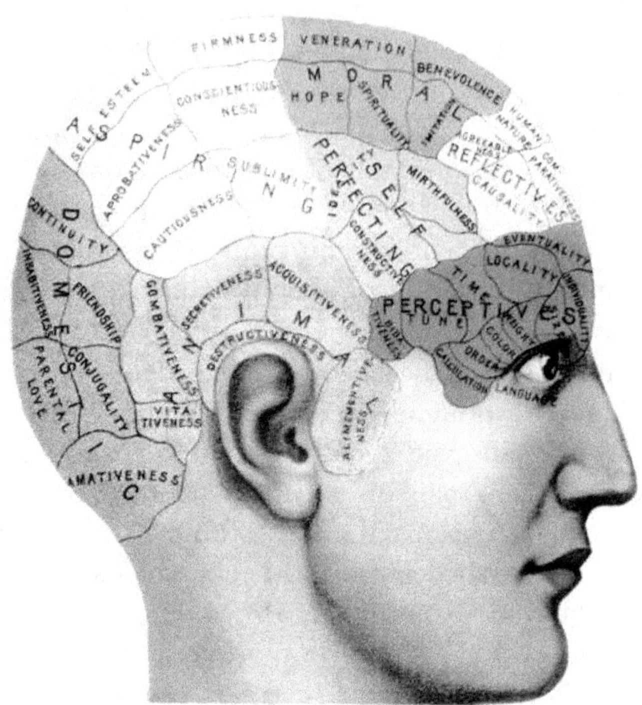

*La localisation des fonctions du cerveau dans différents lobes est une
conception qui a d'abord été présentée par Franz Josef Gall vers la fin
du XVIIIe siècle. À droite, une version moderne des endroits où l'on
pense que les différentes fonctions du cerveau sont localisées.
(Illustration de droite : Lisa Olausson.)*

alors une méthode pour colorer les cellules nerveuses. Il
se sert de nitrate d'argent qui n'en colore que certaines.
Ramón y Cajal (1852-1934), chercheur à Madrid, exploite
la technique de Golgi et parvient ainsi à démontrer clairement que les nerfs ne constituent pas un réseau continu.
À l'aide du nitrate d'argent, les fibres nerveuses se colorent
en noir sur fond jaune et, parce que seule une partie des
cellules nerveuses du cerveau se colore, on les distingue
bien. En étudiant le cerveau du nouveau-né, Cajal cons-

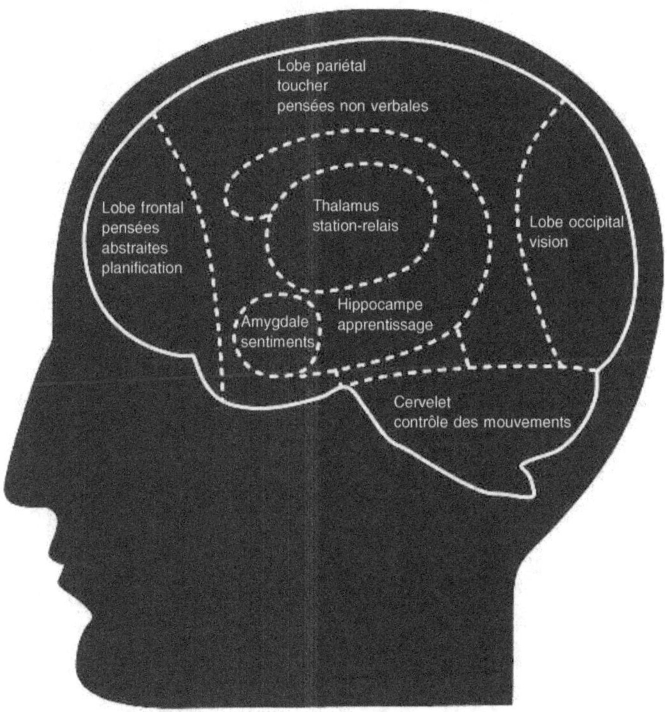

tate que les cellules nerveuses sont distinctes et juxtaposées les unes aux autres. Golgi, lui, s'en tient à la conception traditionnelle, selon laquelle les cellules fusionnent en un réseau continu et qu'elles ne sont pas séparées les unes des autres comme les autres cellules de l'organisme. Cette divergence suscite une lutte acharnée entre Golgi et Cajal. Ironie du sort, les deux adversaires partageront le prix Nobel de médecine en 1906. Les preuves décisives qui attestent que les cellules nerveuses sont séparées seront fournies par la microscopie électronique au milieu du XXe siècle. On démontre alors que les cellules nerveuses sont connectées les unes aux autres par des contacts spécialisés appelés synapses.

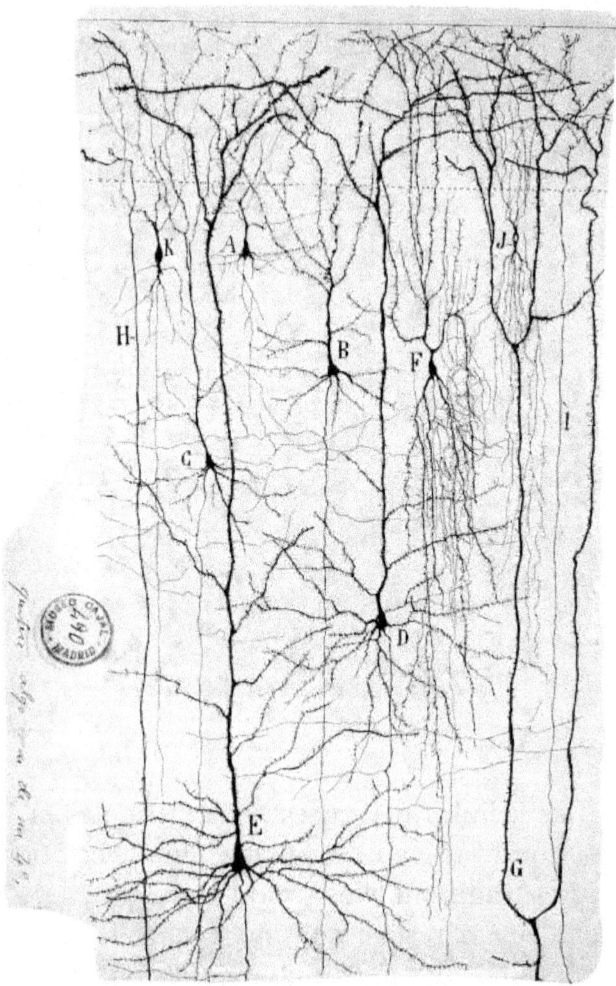

Cellules nerveuses dans le cortex cérébral d'un enfant de 3 ans. Les tissus nerveux ont été colorés au nitrate d'argent, mais seules certaines cellules retiennent le colorant. Le neuroanatomiste espagnol Ramón y Cajal a fait les préparations et également lui-même réalisé les dessins. À partir de ses découvertes, il a élaboré sa théorie du neurone, selon laquelle le cerveau est constitué de neurones séparés et non pas d'un réseau continu de cellules comme on le croyait auparavant. (Image appartenant au musée Nobel.)

L'une des grandes découvertes de la fin du XIXe siècle est que l'influx nerveux est électrique – et ne se propage pas le long du nerf comme dans un fil de cuivre, mais à la manière d'une onde plus lente composée de transports d'ions. Cela revient ni plus ni moins à réduire l'esprit à de l'électricité.

On considère alors que la transmission de l'influx nerveux entre nerfs ou de nerfs à muscles est totalement électrique. Mais, au début du XXe siècle, plusieurs chercheurs démontrent, indépendamment les uns des autres, que la transmission de signaux est souvent d'ordre chimique. L'Autrichien Otto Loewi imagine le test décisif lors d'un rêve. Il stimule le nerf vague dans le cœur d'une grenouille. Le sang, pompé à travers le cœur, est ensuite versé sur le cœur d'une autre grenouille. Le résultat est que non seulement le premier cœur se met à battre plus lentement mais le second aussi – la libération d'un médiateur chimique inhibiteur, un neurotransmetteur du premier cœur, a donc modifié l'activité du second. Ce médiateur chimique, appelé substance vagale, s'est plus tard révélé être de l'acétylcholine. L'Anglais Henry Dale démontre lui aussi que la transmission des signaux est souvent chimique. Grâce à ces travaux, Loewi et Dale reçoivent le prix Nobel de physiologie ou médecine en 1936.

Tous les chercheurs dans ce domaine ne se sont pourtant pas laissé convaincre. Un autre futur prix Nobel, John Eccles, réagit violemment à ce sujet, se fondant sur sa conviction que la transmission se fait uniquement par voie électrique. Il est si convaincu de l'importance de l'électricité qu'il s'est acheté une tondeuse électrique. Un jour cependant, l'un de ses chercheurs invités, Bernard Katz (lui aussi futur prix Nobel), sectionne le câble de la tondeuse. Il fait alors l'acquisition d'une tondeuse « chimique » à essence. Cela suffit-il pour convaincre Eccles que la transmission des signaux dans le cerveau se fait le plus souvent par voie chimique ?

Cette transmission s'effectue au niveau des terminaisons nerveuses qui sont connectées soit à des muscles et des glandes, soit à d'autres terminaisons nerveuses. Dans la plaque motrice, le nerf se connecte à travers les terminaisons nerveuses à la cellule musculaire. Dans les vaisseaux sanguins, les terminaisons nerveuses sont placées comme des perles sur un cordon. Chaque nerf reçoit ainsi des milliers de synapses, qui sont placées comme des contacts sur le corps du neurone.

Les médiateurs chimiques, comme les neurotransmetteurs qui sont stockés dans des vésicules, sont libérés à partir des terminaisons nerveuses, ou terminaisons synaptiques. La grande importance de la noradrénaline a été découverte par le Suédois Ulf von Euler. Ce médiateur chimique se retrouve notamment dans les vaisseaux sanguins et règle la pression sanguine. Grâce à cette découverte, von Euler a reçu le prix Nobel de physiologie ou médecine en 1970 avec Bernard Katz (celui de la tondeuse) et Julius Axelrod qui a, en outre, fait des découvertes décisives concernant la transmission des signaux par voie chimique.

Jusqu'au milieu du XXe siècle, on a tenu pour principe qu'il n'y avait que deux types de neurotransmetteurs : l'acétylcholine et la noradrénaline. On sait que l'acétylcholine sert de médiateur chimique aux muscles et que la noradrénaline contracte les vaisseaux sanguins. L'acétylcholine stimule les mouvements intestinaux et freine le rythme cardiaque, tandis que la noradrénaline exerce une action inhibitrice sur les mouvements intestinaux, mais excitatrice sur le rythme cardiaque.

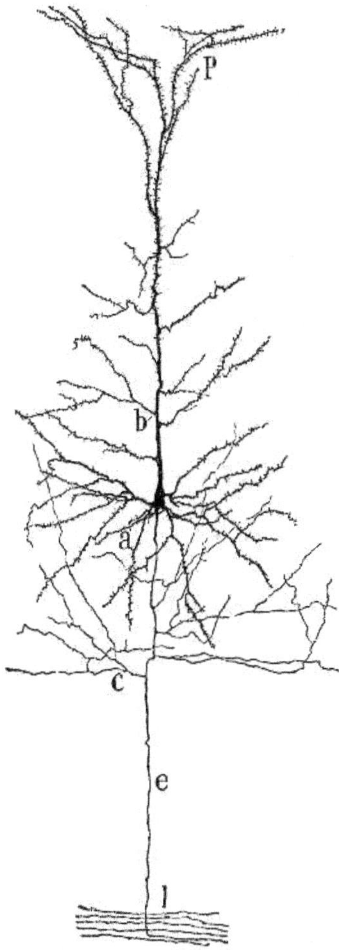

Un neurone pyramidal du cortex cérébral, dessiné par Ramón y Cajal. Il consiste en un corps cellulaire, un axone (la fibre nerveuse), des dendrites (prolongements) et des synapses (contacts avec d'autres nerfs).

Même si les neurotransmetteurs classiques comme l'acétylcholine, la noradrénaline et la dopamine sont importants, certains acides aminés comme le glutamate, l'aspartate et le GABA sont les plus répandus. Ce sont probablement ces substances qui participent à l'élaboration de nos pensées dans le cerveau.

CHAPITRE 2

L'apparition de l'axe rostro-caudal est l'événement le plus important de la vie

Quelle est donc cette substance magique qui initie la genèse de l'axe rostro-caudal, lequel va notamment devenir le système nerveux central – soit le cerveau et la moelle épinière ? On doit son importante découverte, dans les années 1920, à une jeune doctorante et à son professeur installés à Fribourg, en Allemagne. La jeune femme en question s'appelle Hilde Mangold (1898-1925) et s'est engagée dans la carrière de chercheuse à l'âge de 23 ans. Au départ, ce sont les beaux-arts qui l'attirent, mais ses parents l'envoient dans une école ménagère. Elle ne s'y plaît pas, et se met à étudier la chimie à Jena. Après avoir assisté à une conférence donnée par le professeur de zoologie Hans Spemann, elle commence à s'intéresser à l'embryologie, et décide de s'installer à Fribourg, où Spemann vient d'obtenir un poste de professeur. Spemann (1869-1941) est déjà considéré comme un scientifique éminent. Il a notamment démontré que les tissus dans l'embryon en développement se stimulent les uns les autres – phénomène appelé « induction ».

Hilde Mangold demande à se lancer dans un projet de recherche sous la direction de Spemann, qui la charge de transplanter des fragments d'embryons de salamandres sur d'autres embryons. Après de multiples essais, elle découvre l'apparition d'un nouvel axe rostro-caudal dans l'embryon récepteur. Elle a tout simplement réussi à produire des salamandres bicéphales en ajoutant une substance initiant la formation de l'axe rostro-caudal – le facteur de Spemann. Hilde achève sa thèse en 1923, dans laquelle elle décrit de façon détaillée l'anatomie de six salamandres bicéphales. Afin d'obtenir son diplôme de doctorat, elle doit également passer des épreuves de botanique et de philosophie. Son examinateur, le fameux professeur de philosophie Edmund Husserl, est très satisfait de ses résultats. On peut se demander si le philosophe, qui est un expert de la conscience, n'a pas profité de l'occasion pour poser des questions sur la genèse du cerveau et l'apparition de la conscience.

Hans Spemann s'est bien rendu compte de la portée de la découverte et, bien qu'il soit tout sauf philosophe, il en parlera comme de la découverte du facteur vital, ou de l'étincelle de vie. Spemann démissionnera de sa chaire de professeur avant terme pour protester contre la montée du nazisme. Son collègue, en revanche, le professeur Martin Heidegger, deviendra recteur de l'université. Compte tenu de l'importance de leurs découvertes pour comprendre la genèse de l'esprit humain, Hilde Mangold et Hans Spemann auraient mérité une place bien plus importante dans l'histoire des idées que Heidegger.

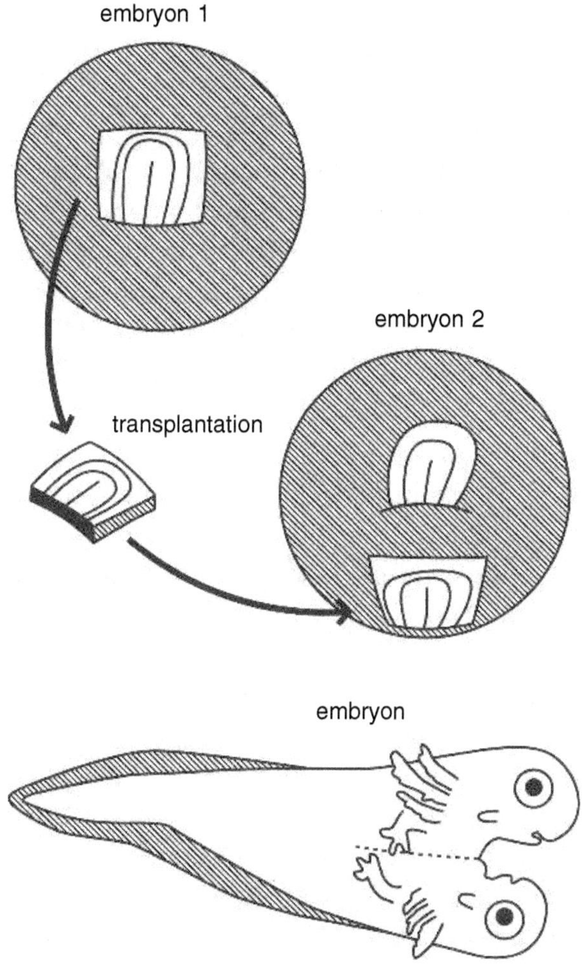

Lorsqu'une partie d'embryon de salamandre est transplantée sur un autre embryon, il en résulte une salamandre bicéphale. Cette expérience a été réalisée par la doctorante Hilde Mangold en collaboration avec son professeur Hans Spemann. Hilde Mangold est tragiquement décédée dans un incendie survenu alors qu'elle faisait chauffer du lait pour son enfant. Hans Spemann a reçu le prix Nobel en physiologie ou médecine en 1935. (Dessin : Stig Söderlind.)

Le facteur de Spemann

Le principe selon lequel le développement cérébral, ou tout l'axe rostro-caudal, peut être stimulé ou induit est fondamental. Mais c'est seulement plusieurs décennies plus tard qu'on a tenté de déterminer précisément ce qui déclenche la genèse du cerveau. On a essayé d'isoler cette substance, mais en vain, car le résultat est un peu paradoxal. En effet, le facteur de Spemann n'existe pas, à vrai dire.

Selon certains chercheurs, les neurones, et donc le cerveau, sont produits de façon automatique par ce qu'on appelle un « cheminement par défaut » (*default pathway*) : certains gènes seraient mis en route à la manière d'applications quand on démarre un ordinateur. Des études menées sur la souris ont montré que, si certains gènes sont détruits, c'est uniquement le cerveau qui se développe. On obtient alors des spécimens grotesques avec des cerveaux énormes, mais qui ne deviennent pas très intelligents pour autant – c'est même plutôt le contraire. En vérité, pour que le cerveau se développe, il faut un signal d'arrêt. La substance qui fait office de signal d'arrêt s'appelle la BMP (*Bone Morphogenetic Protein*) ou protéine morphogénétique osseuse. Comme son nom l'indique, cette substance a un rôle dans la formation osseuse ; mais elle a aussi bien d'autres fonctions. Par exemple, lorsque la plaque neurale se forme dans la couche cellulaire externe et qu'elle commence à s'étendre, c'est par la BMP qu'elle est arrêtée sur les côtés afin que la peau se forme.

Ces réserves faites, on peut tout de même parler d'une sorte de « facteur de Spemann » avec notamment les deux substances susceptibles de stopper la BMP. En effet, quand les gènes chordine et noggine sont éliminés pour ne pas produire les protéines pour lesquelles ils sont codés, on constate que le cerveau ne peut pas se développer ! On peut donc dire que le facteur de Spemann, qui induit la genèse du cerveau, est un désinhibiteur. Si la BMP est une sorte de verrou qui arrête la croissance du cerveau, alors la noggine et la chordine sont, elles, les clés qui permettent d'ouvrir ce verrou. En fait, pour être tout à fait honnête, on ne sait toujours pas exactement comment se déclenche l'organisation du cerveau.

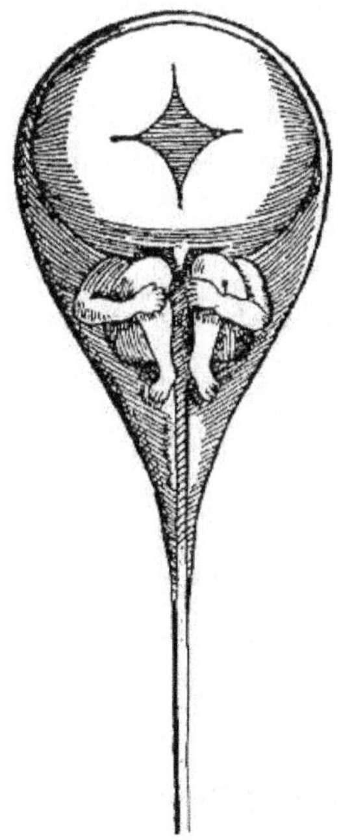

Homunculus – l'embryon dans la tête du spermatozoïde. Dessin réalisé par Niklaas Hartsoeker en Hollande vers la fin du XVIIe siècle, lorsqu'on a découvert les spermatozoïdes. On pensait à l'époque que l'être humain se développait par agrandissement de l'individu miniature situé dans la tête du spermatozoïde.

La notochorde est la baguette
de chef d'orchestre de l'embryon

Au cours du XVIIe siècle, l'idée générale est que le fœtus est déjà formé dans la tête du spermatozoïde – on parle pour cette raison d'« homoncule ». La croissance et le développement ne sont que l'agrandissement de ce petit individu. En principe, chaque cellule de la morula qui se forme après fécondation peut devenir un être humain. Si on sépare les cellules et qu'on laisse chacune d'elles se développer, on obtient des individus clonés identiques ou des jumeaux monozygotes. On appelle ces cellules des cellules souches embryonnaires. Après environ une semaine apparaît dans la morula une face ventrale et une face dorsale, et les cellules commencent à se spécialiser. À ce moment précis, un groupe de gènes est inhibé, et ce processus fait disparaître la possibilité pour chaque cellule particulière de l'embryon de devenir un nouvel individu.

À ce stade se forment les feuillets germinatifs – l'épiblaste, le mésoderme et l'endoderme –, ainsi que l'axe rostro-caudal. L'événement le plus important de la vie vient de se produire : la gastrulation.

La notochorde – sorte de tube cellulaire qui traverse l'embryon depuis la tête jusqu'à la queue – joue un rôle central. En dessous se développe l'intestin et au-dessus le cerveau, la moelle épinière et l'épine dorsale. La notochorde semble diriger le futur développement. Elle amène notamment les cellules de la plaque neurale à s'allonger. L'étape suivante est la formation d'un sillon qui, petit à petit, devient le tube neural. Ce tube neural constitue l'ébauche de ce qui deviendra le cerveau et la moelle épinière.

Si la notochorde est excisée, en revanche, tout va de travers. Les signaux envoyés par la notochorde – sous forme de protéine Hedgehog – stimulent non seulement la formation du cerveau et de la moelle épinière, mais aussi la formation des neurones moteurs, c'est-à-dire des neurones qui contrôlent les mouvements musculaires. Ces neurones sont placés sur la face avant de l'embryon, c'est-à-dire la face ventrale. Les neurones qui sont placés du côté dorsal deviennent les neurones sensoriels, c'est-à-dire des neurones qui reçoivent des impressions tactiles. On peut ainsi dire que la notochorde est responsable de la formation des faces dorsale et ventrale.

Le long du tube neural se forme des crêtes neurales, une de chaque côté, qui donneront naissance aux nerfs périphériques, lesquels assurent la régulation des fonctions végétatives – c'est le système nerveux autonome. Ce système autonome régule notamment la fréquence cardiaque, les mouvements intestinaux, l'évacuation des selles, la miction et l'érection.

Le tube se ferme à l'extrémité supérieure après 24 jours et à l'extrémité inférieure après 26 jours. Si l'extrémité supérieure ne se ferme pas, une anencéphalie ou une encéphalocèle (hernie du cerveau) apparaît. Si c'est la partie inférieure qui ne se ferme pas, une myéloaraphie ou myéloméningocèle (hernie de la moelle épinière) survient. Les enfants qui naissent avec une anencéphalie, c'est-à-dire sans sommet crânien et sans télencéphale, meurent précocement. De nos jours, ce phénomène est souvent détecté au cours de la grossesse grâce à l'échographie, et on procède alors à un avortement. Dans le cas d'une encéphalocèle, le reste du cerveau peut être plus ou moins normal, et l'encéphalocèle faire l'objet d'une ablation chirurgicale. Dans le cas de la myéloaraphie, c'est plus grave, puisque les jambes sont paraly-

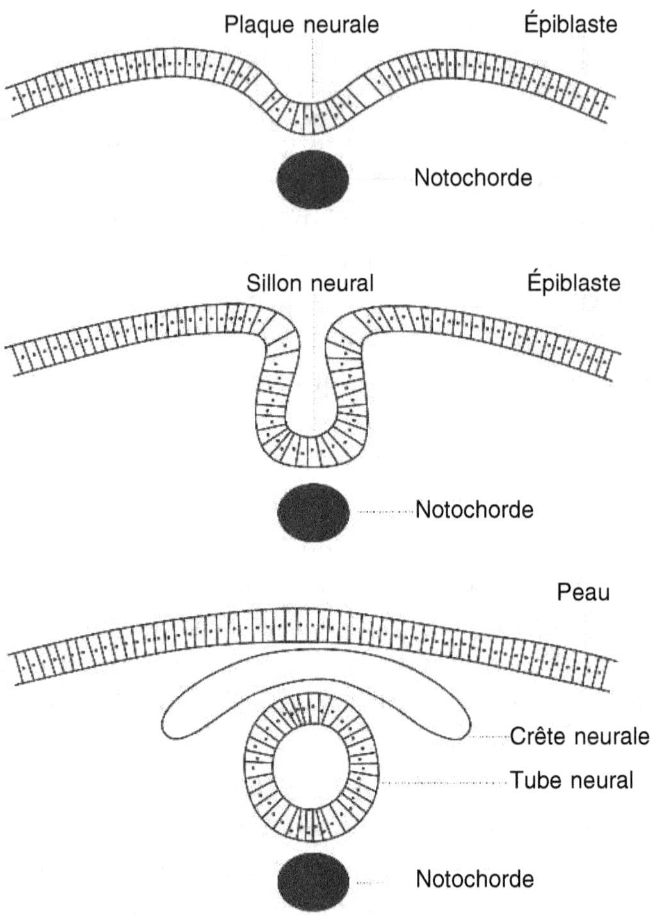

Le sillon neural se développe dans la plaque embryonnaire et se transforme en tube neural, processus qui est contrôlé par la notochorde. Parfois, le tube neural ne se ferme pas ; dans ce cas, une myélo-araphie peut apparaître. (Dessin : Stig Söderlund.)

sées, et la faculté de contrôler la miction et l'évacuation des selles inopérante. Le cas est souvent aggravé par une hydrocéphalie et des infections urinaires à répétition.

Il est avéré que l'on peut prévenir la myélo-araphie par la prise d'acide folique, lequel, cependant, doit être administré durant la période où se forme le tube neural, c'est-à-dire pratiquement avant de savoir que l'on est enceinte. Dans plusieurs pays, mais ni en Suède ni en France, on a enrichi certains produits céréaliers en acide folique, ce qui a entraîné, en Chine par exemple, une diminution de 40 % des cas de myélo-araphies. La raison pour laquelle cette mesure n'a pas encore été mise en œuvre en Suède est que l'acide folique augmente le risque de grossesse gemellaire.

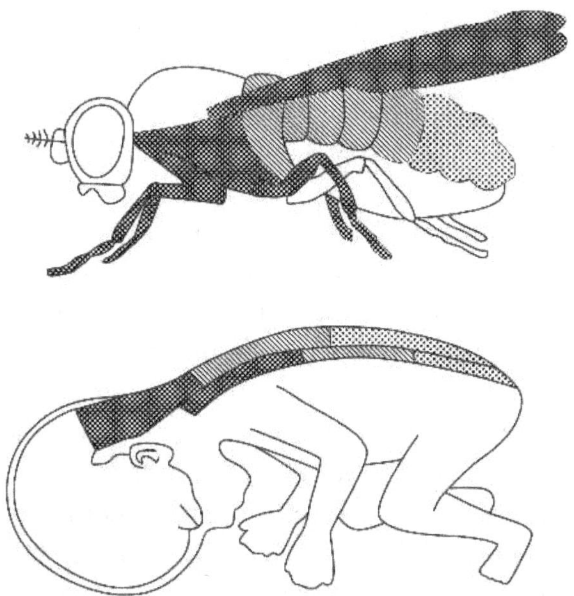

Les gènes impliqués dans le développement des différents segments du corps sont les mêmes chez la mouche du vinaigre (la drosophile) et chez l'homme.

La chasse aux gènes de régulation chez l'embryon

Les entomologistes ne sont habituellement pas considérés comme d'éminents spécialistes du cerveau. En 1980, pourtant, se produit un tournant radical avec la publication dans la revue *Nature* d'un article, signé par l'Allemande Christiane Nüsslein-Volhard et l'Américain Eric F. Wieschaus, qui décrit comment la structure physiologique se développe chez la larve de la drosophile. Les deux chercheurs ont soumis des mouches à des substances mutagènes, c'est-à-dire des substances qui agissent sur le génotype. Pendant une année, ils ont examiné des larves malformées de drosophile et noté le gène influencé par la substance mutagène. Après avoir examiné près de la moitié des 5 000 gènes susceptibles de participer à la formation de l'embryon, ils en ont identifié 15 responsables de la segmentation. L'un de ces gènes, le gène GAP, a la capacité d'induire un processus qui fait disparaître la moitié des segments ; un autre, l'*Even Skipped Gene,* est capable de faire disparaître tous les segments pairs, etc.

Ces gènes esquissent la structure du corps humain. On les appelle gènes homéotiques, et ils peuvent être considérés comme des gènes de contrôle – *Master Control Genes.* Des gènes du même genre ont ensuite été isolés chez les mammifères et également chez l'homme. Il semble que nous ayons conservé les mêmes gènes depuis 650 millions d'années, lorsque le développement des vertébrés et des invertébrés – les insectes, par exemple – s'est différencié. Ces gènes contrôlent le développement du cerveau antérieur, le mésencéphale et le diencéphale, ainsi que la segmentation du bulbe rachidien. Ils contrôlent également le développement des nerfs cérébraux, comme le nerf optique et le nerf vague. Ils sont alignés dans le chromosome de la même manière qu'ils sont exprimés dans l'axe rostro-caudal. Il existe donc des gènes responsables de la formation d'antennes à l'avant, des gènes responsables de la formation des ailes un peu plus à l'arrière et des gènes qui contrôlent la formation de la queue plus à l'arrière encore. Si l'on déplace un de ces gènes sur un segment voisin, il agira de la même façon (*homeo*) que le gène se trouvant déjà sur le segment voisin, par exemple pour former des ailes – d'où son nom de gène homéotique.

La découverte des gènes homéotiques a été saluée par le prix Nobel de physiologie ou médecine en 1995. Un prix Nobel de médecine est souvent attribué pour une découverte majeure sur le plan de la recherche fondamentale, mais aussi sur le plan clinique. Y a-t-il donc des maladies dépendant des mutations de ces gènes « anciens » ? Elles devraient dans ce cas être identifiées en premier lieu chez les enfants. Ou bien est-ce que ces gènes sont si fondamentaux qu'une mutation n'est pas compatible avec la survie ? C'est probablement le cas. Jusqu'à ce jour, seul un petit nombre de maladies semble résulter directement du dérangement de ces gènes. À titre d'exemple, on peut mentionner l'anomalie de Peter, lorsqu'un enfant présente une absence d'iris (aniridie). Un autre exemple est le syndrome de Waardenburg, qui associe surdité, anomalies du squelette facial et défauts de pigmentation, notamment au niveau de l'iris. Un enfant sur 42 000 est atteint de ce syndrome. Le syndrome de DiGeorge dépend lui aussi de la mutation d'un de ces gènes, et provoque des cardiopathies, un déséquilibre du taux de sel dans le corps, etc. La microlésion de ces gènes importants pourrait également être à l'origine de l'autisme.

Cette découverte a aussi eu pour conséquence clinique de permettre de comprendre pourquoi les femmes enceintes qui avaient pris de fortes doses de vitamine A afin de traiter des problèmes d'acné pouvaient avoir des enfants malformés. La vitamine A, ou les rétinoïdes, inversent en effet l'ordre de ces gènes, si bien que les segments sont placés aux mauvais endroits.

Le grossissement du cerveau
à l'aide du gène Sonic Hedgehog

Si l'extrémité de la notochorde est sectionnée, le cerveau cesse de se développer. Dans les années 1950, ce phénomène avait déjà été démontré par l'embryologue suédois Bengt Källén, qui exerce toujours à Lund. La notochorde doit donc contenir une substance qui fait grandir le cerveau. Quand un groupe de chercheurs britanniques a refait l'expérience de Källén une cinquantaine d'années plus tard, ils ont découvert que le taux de protéine Sonic Hedgehog avait diminué. Lorsqu'ils ont transplanté quelques-unes des cellules qui expriment la protéine Sonic Hedgehog, ils ont constaté à l'inverse que les vésicules cérébrales étaient réapparues. Cette expérience montre bien que ce gène est essentiel pour « gonfler » les vésicules cérébrales.

Les trois vésicules qui se forment sont le cerveau antérieur, le mésencéphale et le rhombencéphale. Dans ces vésicules se développent les cavités du cerveau, c'est-à-dire les ventricules latéraux dans le cerveau antérieur, le troisième ventricule dans le mésencéphale et le quatrième ventricule dans le bulbe rachidien. Parallèlement a lieu l'invagination du tube neural épaissi.

Le gène Sonic Hedgehog semble avoir plusieurs fonctions, comme de contrôler la formation des jambes et des ailes, c'est-à-dire de neurones moteurs, et le développement du cerveau. Il semblerait aussi qu'il soit responsable de l'asymétrie gauche-droite. On ne peut donc pas dire que ce gène ait une tâche spécifique unique. Il doit plutôt être considéré comme multifonctionnel, avec des connexions plus ou moins libres, selon les besoins – en fonction de l'endroit et du moment.

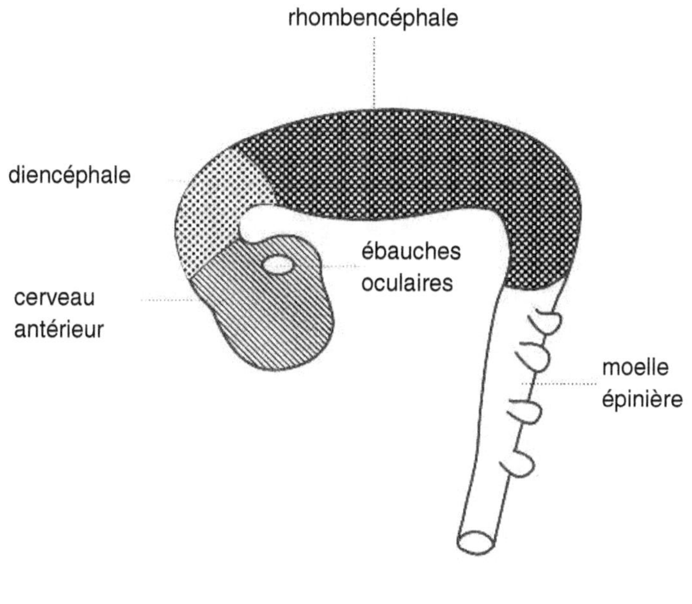

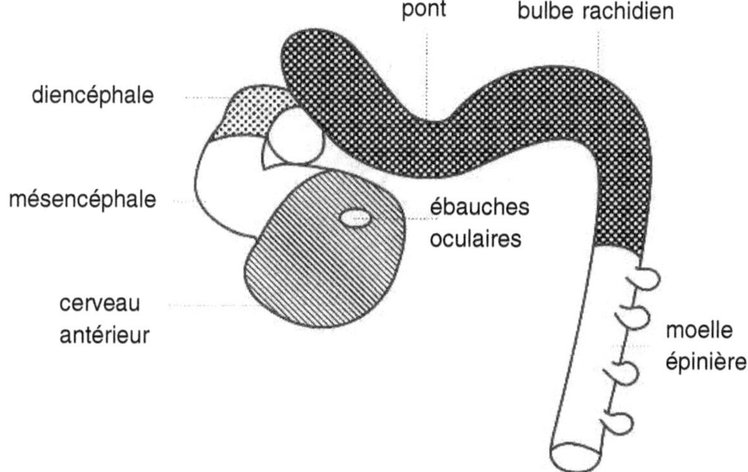

Formation du cerveau antérieur, du diencéphale et du rhombencéphale (qui deviendra ensuite le bulbe rachidien), par épaississement et invagination du tube neural.

CHAPITRE 3

La grande migration des neurones

Si un agronome, ornithologue amateur, s'adressait au Fonds national pour la recherche sur le cerveau pour obtenir une subvention, sous prétexte que ses études sur le chant des oiseaux pourraient bien donner lieu à un traitement efficace contre la maladie de Parkinson et la maladie d'Alzheimer, on lui refuserait probablement cette aide financière. Pourtant, ce chercheur existe. Il s'appelle Fernando Nottebohm, il est originaire d'Argentine et il a commencé ses études d'agronomie au Nebraska. C'est aussi un passionné de chants d'oiseaux, particulièrement des espèces qui possèdent un vaste répertoire, comme les canaris. Nottebohm a notamment démontré que le nouveau répertoire des oiseaux mâles à chaque printemps est lié au fait qu'il se forme de nouveaux neurones dans la région du cerveau consacrée au chant. Il a donc été le premier à établir que la formation de nouveaux neurones est possible à l'âge adulte.

Lors d'une conférence au Waldorf Astoria, à New York, au début des années 1980, Nottebohm a présenté ses résultats et terminé son discours en affirmant que la formation de nouveaux neurones était probable aussi dans le cerveau d'un être humain adulte. Ce faisant, il a rompu avec le dogme qui prédominait depuis des décennies, selon lequel aucun nouveau neurone n'apparaît dans le cerveau antérieur après la naissance, et certainement pas chez un homme adulte.

Cette conférence remarquable était financée par un milliardaire américain qui avait fait fortune dans le pétrole, et dont le fils souffrait d'une lésion cérébrale congénitale. Ce mécène devait avoir foi dans les recherches de Nottebohm sur les canaris, car les professeurs de Harvard qui hochaient la tête en signe de désapprobation étaient nombreux dans l'assistance. Mais étaient également présents des dyslexiques et des parents d'enfants souffrant de lésions cérébrales.

À cette occasion, l'un des adversaires de Nottebohm, Pasko Rakic, chercheur d'origine croate très en vue à l'Université Yale, a émis un commentaire du genre : « Si on peut changer ses neurones à chaque printemps, cela veut dire que je peux me débarrasser de mon accent croate. J'estime qu'il y a de bonnes raisons pour que l'on garde les mêmes neurones au cours de notre existence tout entière. »

Pasko Rakic fait partie des meilleurs spécialistes du développement du cerveau. Jeune médecin à Belgrade, il a mené des études poussées sur le développement cérébral chez des fœtus avortés, lesquels étaient faciles à trouver à l'époque (les avortements étaient très fréquents dans les pays communistes et de nombreux fœtus y ont fait l'objet de recherche). Rakic est ensuite parti aux États-Unis dans le but de devenir neurochirurgien, il a commencé à travailler dans un laboratoire comme maître de recherches, surtout pour apprendre à mieux parler l'anglais. Il est par la suite resté dans le monde des laboratoires, où il s'est mis à étudier la formation de nouveaux neurones dans le cerveau des primates en les marquant à la thymidine radioactive, l'un des composants de l'ADN. Il a ainsi pu démontrer que la formation de neurones survient au cours de la période fœtale, et pas après. Lorsque je lui ai rendu visite à l'Université Yale, Radec a sorti des caisses pleines de lames attestant qu'il n'y avait pas eu un seul nouveau neurone chez les primates après la naissance. Il m'a également montré sa thèse tapée à la machine en serbo-croate où il avait collé des photos prises à travers un microscope et que j'ai reconnues, car je les avais déjà vues dans des manuels de médecine.

Mais revenons au Waldorf Astoria. Rakic conquiert l'auditoire qui rit ; son idée est que, peut-être, il y a de nouveaux neurones qui se développent dans le cerveau d'un canari adulte, mais absolument pas chez l'homme. Pendant une dizaine d'années, on n'apprend plus grand-chose sur le sujet, puis, vers la fin des années 1990 commencent à apparaître des comptes rendus attestant de la formation de nouveaux neurones dans le cortex cérébral chez les primates. Ces résultats sont établis par une jeune psychologue, Elizabeth Gould. Ses résultats sont naturellement rejetés par Rakic. Et puis voilà qu'un médecin suédois parvient à démontrer la formation de nouveaux neurones dans l'hippocampe de l'homme adulte. Peter Eriksson vient de passer une année à San Diego chez Fred Gage, l'un des chercheurs les plus éminents en ce domaine. À son retour en Suède, alors qu'il effectue sa spécialisation à l'hôpital universitaire de Göteborg, il rencontre un cancérologue qui est de garde en même temps que lui. Un patient vient d'arriver, il est atteint d'un cancer du larynx et est traité par une substance cytotoxique qui s'incorpore à l'ADN ; cette substance est similaire à celle qu'il a utilisée à San Diego quand il travaillait sur les souris. Il a alors l'idée de se lancer dans un nouveau projet de recherche et de tester sur l'être humain sa théorie fondée sur son observation des souris. Les patients cancéreux ont un très mauvais pronostic et il sera possible d'analyser leurs cerveaux après leur décès dans des temps suffisamment rapprochés. Les préparations seront ensuite envoyées aux États-Unis, où Gage et ses collaborateurs parviennent à démontrer qu'environ 500 nouveaux neurones sont apparus dans l'hippocampe, puisque la substance cytotoxique a bel et bien été intégrée dans l'ADN. L'article paraît dans la revue *Nature Medicine*, et fait sensation.

Pasko Rakic est donc contraint d'admettre qu'il existe des cellules souches neurales et que la formation de nouveaux neurones après la naissance est possible dans le cerveau, à l'exception toutefois de la région du cortex cérébral, qui est le siège de notre faculté de penser, de parler et d'écrire. Cependant, ce n'est pas comme pour la salamandre chez qui le cerveau repousse s'il est endommagé. Chez l'être humain, en effet, il existe une sorte de verrou qui empêche cette réfection. Le grand défi consiste à en trouver la clé, même si ce verrou a peut-être aussi pour effet bénéfique d'empêcher la formation de tumeurs cérébrales.

200 000 nouveaux neurones par minute

La neurogenèse a lieu dans un tissu friable à l'intérieur du tube neural invaginé : c'est la « zone ventriculaire ». Chacune des cellules souches nerveuses, car c'est ainsi qu'on les appelle, migre vers le haut et se divise.

L'une des deux cellules filles qui résultent de cette division se change en neurone et migre vers le cortex cérébral : il n'y a pas de retour possible, elle ne peut plus devenir un globule rouge ou une cellule musculaire. En revanche, l'autre cellule reste une cellule souche, jusqu'au moment où le même cycle se reproduit. Ces cycles se répètent 20 fois ou pendant 20 générations jusqu'à la création d'environ 100 milliards de neurones, qui est le nombre de neurones que possède notre cerveau à la naissance.

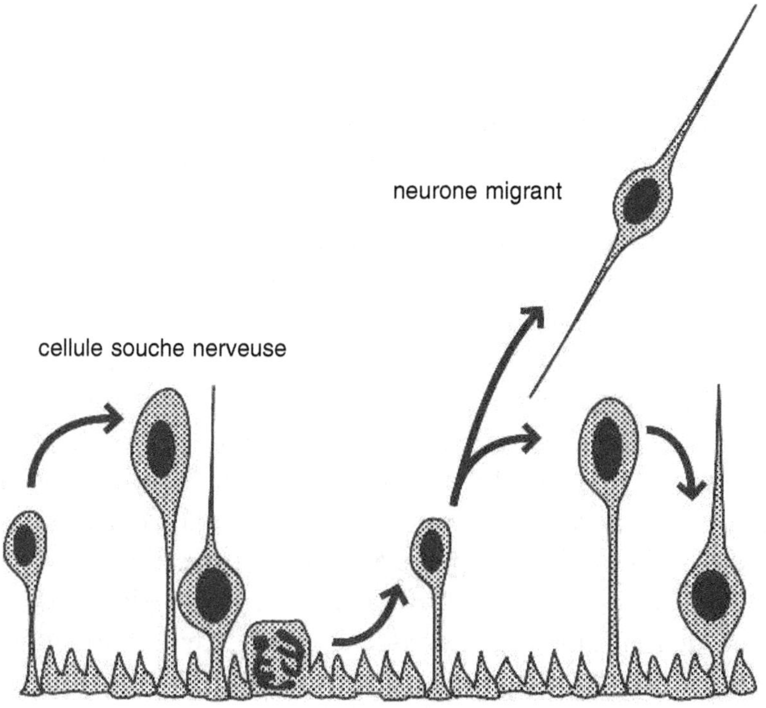

Les cellules souches nerveuses se divisent dans la couche cellulaire qui couvre l'intérieur des cavités cérébrales (les ventricules). Une cellule qui se reproduit migre vers le haut et se divise en une nouvelle cellule souche, qui peut commencer un nouveau cycle, et une cellule fille, qui se spécialise et devient un neurone. (Image de Vernon S. Caviness.)

La neurogenèse se produit surtout entre la 10ᵉ et la 20ᵉ semaine. Les fœtus dont le développement était compris entre la 10ᵉ et la 20ᵉ semaine au moment des radiations sont nés avec de toutes petites têtes et de petits cerveaux. En revanche, ceux qui ont été soumis aux radiations avant et après cette période critique se sont développés normalement, sauf s'ils étaient atteints par une autre complication.

Qu'est-ce qui contrôle la spécialisation et crée différents types de cellules nerveuses ? Voilà une question fort intéressante. Il y a six couches, toutes avec différents types de cellules et différents types de connexions.

Les virus peuvent inhiber la spécialisation des cellules souches, c'est-à-dire la transformation de la cellule souche en neurone. Il en résulte alors que les neurones ne migrent pas normalement. Le CMV, le cytomégalovirus, est un virus de ce type. C'est un virus commun, que la plupart des gens ont contracté sans s'en rendre compte, car les symptômes n'en ont pas été violents – il s'agit de douleurs, de fièvre et de fatigue légères pendant 3 à 4 semaines. En revanche, si une femme qui n'est pas immunisée contre ce virus le contracte pendant sa grossesse, le fœtus qu'elle porte peut développer de graves lésions, notamment au niveau du cerveau et au niveau de l'audition. L'immunité se vérifie par une simple prise de sang. Une femme qui n'est pas immunisée doit éviter de travailler avec des enfants, car ceux-ci risquent d'être contagieux. Des enfants qui ont contracté le CMV pendant le stade embryonnaire sont contagieux pendant plusieurs années. Selon les estimations, 50 à 100 enfants par an, contaminés par le CMV pendant la grossesse, souffriraient de dommages irréversibles et, notamment, d'un retard mental grave.

La migration

Les nouveaux neurones forment une plaque, à partir de laquelle ils migrent vers le haut et se placent dans six couches superposées. Les cellules créées en dernier se placent au-dessus, on peut donc dire que le cortex cérébral se met à l'envers. La migration des neurones est fondamentale pour la formation du cortex cérébral. Chez l'être humain, elle a lieu à partir de la 12e semaine et jusqu'à la 24e semaine de grossesse.

Les neurones s'acheminent le long de fibres gliales qui sont disposées en éventail. On peut les comparer à des fibres de verre. Si on place les neurones dans une éprouvette avec des fibres de verre couvertes de protéine gliale, on peut simuler ce processus. Les neurones sont attirés par des substances particulièrement « collantes » (des molécules d'adhésion) qui les aident à « monter la corde ». On parle d'une sorte de « plan » – *protomap* – à propos de cette migration des neurones, pour qu'ils parviennent au bon endroit. Entre les fibres gliales, il y a du glycogène (glucide d'amidon hépatique), qui fournit de l'énergie pour les neurones migrants. Pour que les neurones trouvent leur emplacement, ils sont dépendants non seulement des molécules d'adhésion, mais aussi des médiateurs chimiques comme le glutamate et des facteurs de croissance neuronale (BDNF). Certaines cellules, appelées les cellules Cajal-Retzius (du nom du célèbre neuroanatomiste espagnol Ramón y Cajal et de celui du Suédois Gustaf Retzius), libèrent de la reelin, substance qui est également importante pour que les neurones progressent correctement. Si ces cellules spécifiques sont détruites chez la souris, l'animal est alors atteint de tremblements et devient incapable de contrôler ses mouvements.

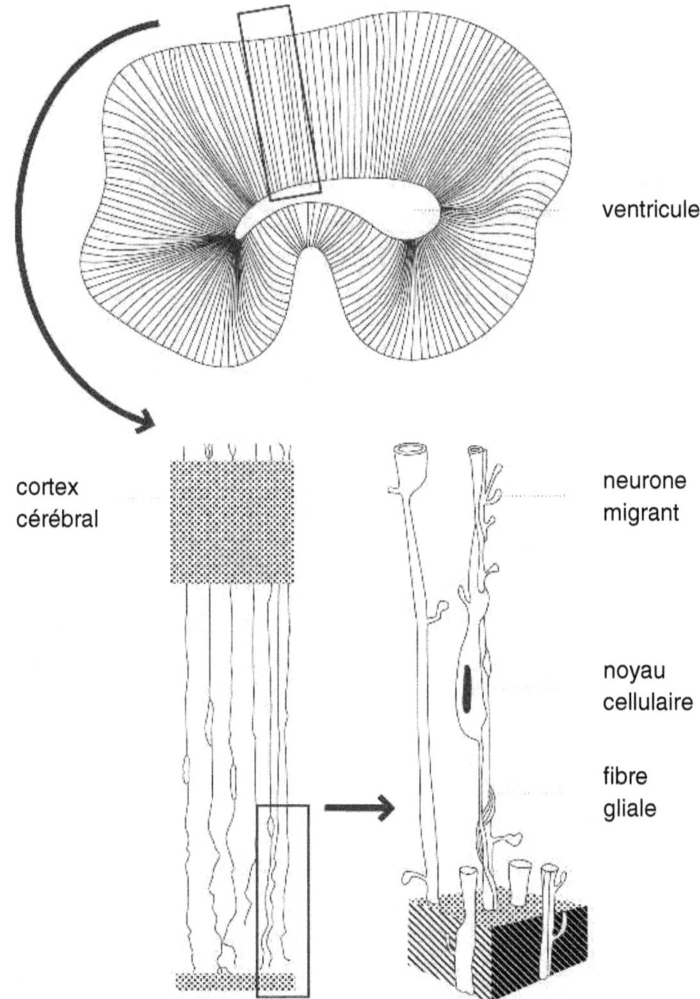

Telle une amibe, les neurones glissent le long des fibres gliales à partir du ventricule jusqu'au cortex cérébral. (D'après P. Rakic.)

Toute la migration ne s'effectue pas ainsi, mais ce processus est en tout cas typique des aires du cerveau qui sont organisées en couches, comme le cortex cérébral, l'hippocampe et le cervelet. Les neurones peuvent aussi se déplacer sans l'aide des fibres gliales sur le plan horizontal. Environ un cinquième des neurones migre de cette dernière façon.

Le grand saut

Il y a environ deux millions d'années, une mutation a dû avoir lieu chez notre ancêtre pour qu'une nouvelle vague de neurones commence à migrer vers le cortex cérébral. En étudiant le cerveau d'embryons avortés, Pasco Rakic et ses collaborateurs ont ainsi découvert que le thalamus, la station-relais du cerveau, attirait une deuxième vague de neurones à partir du cerveau antérieur. Ces neurones contiennent du GABA, l'un des médiateurs chimiques les plus importants.

D'une manière ou d'une autre, une sorte d'« aimant cellulaire » a donc dû se former dans le thalamus pour attirer cette nouvelle vague neuronale. C'est un phénomène qui ne se retrouve pas chez la souris ou le singe. Peut-être est-ce cette vague supplémentaire de neurones migrants qui a provoqué l'expansion du cortex cérébral, nous permettant de penser par symboles ou d'acquérir un langage articulé. Des études récentes ont ainsi montré qu'une mutation précise induisait la formation de petites circonvolutions supplémentaires dans le cerveau (polymicrogyrie) et que cet état s'accompagnait de troubles de l'apprentissage. On peut tout à fait imaginer qu'une autre mutation ait eu davantage de succès et qu'elle ait produit des circonvolutions supplémentaires qui ont augmenté notre intelligence ! Récemment, on a identifié certaines régions du génome humain qui gèrent la migration des neurones et qui entraînent la formation de circonvolutions spécifiques pour l'apprentissage du langage et l'acquisition d'autres hautes fonctions humaines. Ces régions ont été baptisées HAR (*Human Accelerated Regions*).

Perturbations dans la migration

La migration des neurones est essentielle pour la formation du cortex cérébral. Si celle-ci est perturbée, le cerveau peut devenir totalement lisse, sans circonvolutions ou sillons. Cette malformation, nommée lissencéphalie (ou « cerveau lisse »), s'accompagne d'un retard mental grave. Il existe un certain nombre de maladies héréditaires dues à cette migration défectueuse. Un autre type de lissencéphalie se présente quand le cortex cérébral est épaissi et non structuré. Il arrive encore qu'on constate la formation d'un double cortex en raison d'une vague additionnelle de neurones. Enfin, la migration peut être perturbée par des substances toxiques comme la cocaïne, l'alcool et le mercure, qui provoquent des lésions cérébrales chez l'embryon. L'autisme et la schizophrénie seraient peut-être dus, eux aussi, à la perturbation de cette migration.

Comment les neurones trouvent-ils leur chemin ?

Les neurones sont au départ des cellules assez rondes, comme des cellules ordinaires. Au cours de la seconde moitié de la grossesse, la fibre nerveuse proprement dite, l'axone, lequel conduit l'influx nerveux jusqu'aux muscles, aux glandes ou aux autres neurones, commence à se développer chez l'embryon. Le neurone le plus fréquent dans le cortex cérébral est le neurone pyramidal, dont le corps cellulaire a la forme d'une pyramide. La longue fibre nerveuse de l'axone qui en part descend vers la base du cerveau et, dans certains cas, à travers la moelle épinière jusqu'aux muscles des bras et des jambes.

Comment est-il possible pour ce neurone pyramidal situé dans le cortex cérébral d'atteindre la pointe de l'orteil et de décider si on le bouge vers le haut ou vers le bas ? Trouver le chemin à travers le bulbe rachidien, la moelle épinière, le pelvis, puis le long des os de la cuisse et de la jambe revient, comme l'a dit un article du magazine *Science*, à trouver la route entre les différents États qui séparent San Francisco et New York. Pourtant, en dépit des multiples sorties possibles, le neurone poursuit sa route.

En fait, il existe un plan des routes pour la migration neuronale. En 1892, Ramón y Cajal a déjà découvert que la fibre nerveuse épaisse – l'axone – est munie d'un cône de croissance et fonctionne comme une sorte de locomotive pour le nerf qu'elle conduit au terminus prévu. Sur le chemin, il y a une multitude de signaux qui donnent le feu vert et laissent passer le neurone ou bien arrêtent son cheminement. Si le cône de croissance rencontre un signal d'arrêt, il rebrousse chemin et en prend un autre. Aujourd'hui, on a identifié toute une série de molécules de guidage axonal, chez la drosophile, mais aussi chez les mammifères. Ainsi la nétrine (du sanskrit « conducteur » ou « guide ») est-elle une molécule qui permet aux axones de traverser la ligne médiane. Une autre, la sémaphorine (du grec *sema*, « signal »), s'assure que le neurone suit le bon chemin.

Il est tout à fait remarquable que les neurones trouvent le bon chemin. Le premier scientifique à en faire la démonstration a été Roger Sperry, dans les années 1960, grâce à son étude de la vision chez les têtards. Quand on sectionne le nerf optique et qu'on le laisse fusionner, on constate qu'il se reconnecte correctement. Les fibres nerveuses sectionnées retrouvent leurs anciens lieux de coupure, mais avec une rotation de 180 degrés, ce qui a pour

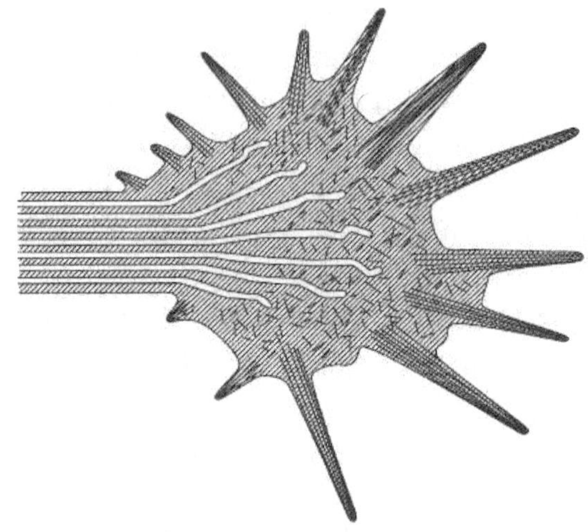

Le cône de croissance fonctionne comme une locomotive pour le neurone. Pour aller dans la bonne direction, il est guidé par des molécules dites de « guidage axonal », qui arrêtent le neurone ou, au contraire, le font avancer.

résultat que la grenouille, qui voit ensuite une mouche, sort la langue du mauvais côté. Il y a donc manifestement des molécules qui reconnaissent les terminaisons nerveuses.

Entendre l'éclair et voir le tonnerre

Plusieurs autres exemples témoignent de ce que les scientifiques savent modifier les chemins migratoires. Ainsi quand on transplante sur le cortex visuel d'un rat nouveau-né un nerf qui transmet des signaux tactiles, on observe que celui-ci se « transforme » rapidement en nerf optique. On a aussi réussi à faire le contraire, c'est-à-dire à transplanter un nerf optique jusqu'au cortex sensoriel (l'aire somatosensorielle). Un autre scientifique est parvenu, sur des belettes, à faire migrer des nerfs optiques jusqu'au cortex auditif. Il a prouvé que ces belettes réagissaient à des impressions visuelles dans leur cortex auditif et, donc, que le cortex visuel pouvait réagir aux sons. L'important n'est ainsi pas le type d'impressions sensorielles – lumière ou sons –, mais le lieu où ces impressions sont traitées dans le cerveau. Si on peut modifier les terminaisons et activer le cortex visuel avec des sons ou le cortex auditif avec de la lumière, on en arrive alors à pouvoir entendre l'éclair et voir le tonnerre.

De fait, certains enfants « sentent » les sons et « entendent » les impressions tactiles ; ce phénomène, qu'on appelle « synesthésie », disparaît souvent avant l'âge adulte. Il est également bien connu que des personnes aveugles de naissance semblent compenser leur handicap en développant leur capacité auditive et une hypersensibilité aux extrémités des doigts. Chez elles, les zones du cerveau qui réagissent au toucher et aux sons se développent davantage que les zones qui auraient dû réagir aux impressions visuelles.

Le mastic du cerveau

Les cellules les plus répandues du cerveau ne sont pas les neurones mais les cellules gliales, trois à cinq fois plus nombreuses. *Glia* signifie « mastic », et on a d'abord supposé que ces cellules fonctionnaient surtout comme des cellules de soutien qui maintiennent les neurones. En fait, ces cellules ont probablement une fonction bien plus importante. En effet, elles alimentent les neurones. Elles contiennent notamment du glycogène, qui permet la fabrication et l'utilisation d'acide lactique (de lactate) par les neurones, s'il n'y a pas de glucose disponible immédiatement. Elles peuvent aussi absorber le glutamate et d'autres acides aminés médiateurs qui deviennent toxiques pour le cerveau quand leur concentration devient trop élevée.

Il existe différents types de cellules gliales. Les cellules de la glie radiale sont des fibres importantes qui servent de « rails de guidage » lors de la migration des neurones. Les astroglies sont les cellules gliales qui fournissent l'énergie aux nerfs. L'oligodendroglie forme les gaines de myéline qui entourent les nerfs (voir chapitre suivant). Les cellules gliales apparaissent un peu plus tard que les neurones, mais leur formation se poursuit jusqu'à l'âge de 2 ans environ. Les neurones ont du mal à se diviser et à se former après la naissance, ce qui, en revanche, est plus facile pour les cellules gliales. Cela explique peut-être pourquoi ce sont ces dernières qui, la plupart du temps, provoquent des tumeurs cérébrales.

Une conduction nerveuse plus rapide

L'influx nerveux se transmet relativement lentement dans la fibre nerveuse. Pour qu'il soit transmis plus rapidement, les fibres nerveuses ont été pourvues de gaines de myéline – sorte de matière isolante lipidique qui se présente un peu comme les cercles annuels à l'intérieur du tronc d'un arbre. Le développement du cerveau, sur le plan évolutif comme sur le plan de la maturation de l'embryon, dépend de ce degré de myélinisation. Ainsi les crabes et les insectes n'ont pas de gaine autour des nerfs et ont, pour cette raison, une vitesse de réaction nerveuse lente. De même, les fibres nerveuses chez un embryon ou un fœtus qui n'a pas achevé son développement ne sont pas gainées et ont également une conduction lente.

La myélinisation suit le flux d'informations et commence par les nerfs qui conduisent le plus d'influx. Parmi les premiers nerfs myélinisés figurent ainsi les cellules pyramidales, qui conduisent l'influx depuis le cortex cérébral jusqu'aux muscles des bras et des jambes. Ce processus a lieu pendant la 23e semaine de grossesse. Le nerf olfactif et les nerfs optiques sont myélinisés environ dix semaines avant la naissance, tandis que certains nerfs dans les « centres d'association » du cortex cérébral ne le sont qu'à l'âge adulte.

Chez les prématurés atteints d'hémorragie cérébrale, la myélinisation peut être endommagée lorsque le fer issu des globules rouges décomposés perturbe la formation de la myéline. Il se pourrait que ce soit une des causes de l'infirmité motrice cérébrale.

CHAPITRE 4

Le réseau cérébral : survivre ou disparaître

L'échafaudage du cerveau est maintenant en place sous forme de colonnes ou de piliers. La plupart des neurones sont là. Reste le plus difficile : connecter ces neurones en un réseau qui fonctionne, où les impressions sensorielles s'enregistrent, les souvenirs se stockent et les actions s'exécutent. Jusque-là, le processus était relativement automatique, et en grande partie dirigé génétiquement. Désormais, la construction va dépendre de l'activité nerveuse.

De chaque neurone part un axone qui peut atteindre un mètre de long. Le neurone comporte aussi une multitude d'autres prolongements, les dendrites, qui collectent les informations. À travers leurs courtes extensions effilées, un peu comme des épines, les dendrites reçoivent les signaux synaptiques émis par d'autres nerfs. Ce sont des signaux électriques, qui peuvent augmenter la tension et inhiber le nerf, ou bien laisser le courant se propager et produire l'activation nerveuse.

L'influx nerveux est conduit, *via* l'axone, jusqu'aux terminaisons nerveuses, où se trouvent des milliers de synapses, lesquelles se chargent de transmettre le signal à d'autres nerfs. Un nerf peut aussi être connecté aux plaques motrices des fibres musculaires ou encore aux glandes.

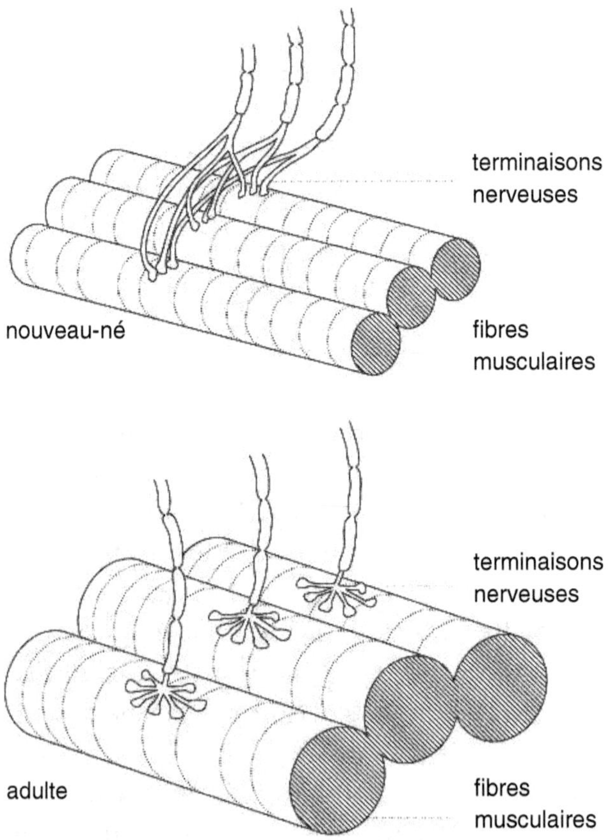

Il y a davantage de terminaisons nerveuses connectées aux muscles durant le développement précoce (en haut) qu'à l'âge adulte (en bas).

La création de synapses

Lorsque les neurones apparaissent, entre la 6ᵉ et la 8ᵉ semaine de grossesse, des synapses isolées se forment dans la sous-plaque. La synaptogenèse s'accélère un peu entre la 12ᵉ et la 17ᵉ semaine, mais ce n'est qu'à partir de la 20ᵉ qu'elle se met en route pour de bon. On assiste alors à une augmentation explosive qui se maintient jusqu'à l'âge de 5 à 7 ans, commençant dans les zones du cerveau où sont reçues les impressions sensorielles et se terminant par les parties où elles sont traitées, c'est-à-dire dans le cortex cérébral frontal, là où a lieu l'activité de pensée proprement dite. Presque un million de nouvelles synapses sont ainsi produites chaque seconde. La synaptogenèse se poursuit ensuite à un niveau élevé jusqu'à la puberté, puis elle régresse fortement, même si des synapses continuent à apparaître chez l'adulte. On a même démontré que cette activité persiste jusqu'à l'âge de 70 ans et probablement au-delà.

C'est dans les synapses que sont stockés nos souvenirs. Il n'est peut-être pas très étonnant que tant de synapses se créent chez un enfant en bas âge qui va à la crèche. C'est en effet l'époque où l'on apprend dix mots nouveaux par jour, sans parler des centaines d'impressions inédites qu'il faut enregistrer. Avec l'âge, on devient de moins en moins réceptif.

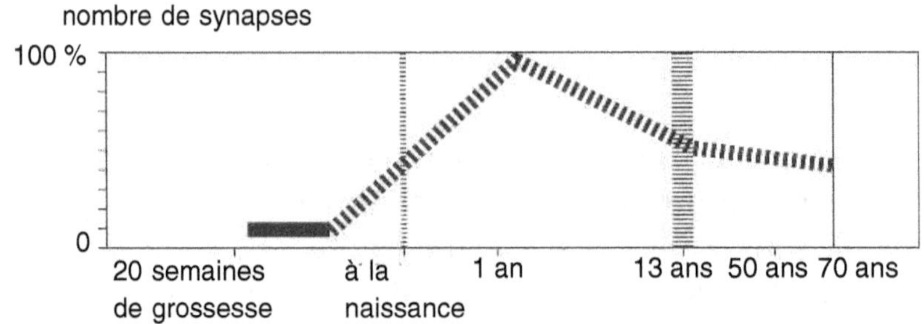

La formation de synapses commence au stade embryonnaire, vers la 20ᵉ semaine environ ; elle augmente fortement après la naissance pour exploser vers 1 ou 2 ans, âge où se crée jusqu'à un million de synapses par seconde. La synaptogenèse ralentit par la suite, mais elle se poursuit tout au long de la vie. Lors de la puberté, on note une diminution considérable. (D'après Jean-Pierre Bourgeois.)

Le philosophe qui a influencé les neurosciences sans le vouloir

Le philosophe allemand Martin Heidegger a consacré sa vie à l'Être, et ce n'est sûrement pas son substrat biologique, le cerveau, qui l'intéressait le plus. Malgré tout, en tant que directeur de l'Université de Fribourg en pleine époque nazie, Heidegger a inconsciemment et indirectement contribué au développement des recherches sur le cerveau en renvoyant de l'établissement le meilleur élève de Spemann, Victor Hamburger, au motif qu'il était juif. Hamburger, alors boursier de la Fondation Rockefeller, s'est ainsi trouvé contraint de rester aux États-Unis où il a effectué des recherches déterminantes sur le système nerveux. Il a notamment découvert, à sa grande surprise, qu'en supprimant une aile sur un embryon de poulet, il entraînait aussi la disparition d'un grand nombre de nerfs. Pour se maintenir, les nerfs ont ainsi besoin d'être actifs. Ils ne sont pas installés comme un réseau de câbles reliant muscles et vaisseaux sanguins. Ils doivent conduire des signaux (jusqu'à l'aile, dans le cas qui nous occupe) pour exister. Giuseppe Levi et Rita Levi-Montalcini, deux scientifiques italiens, ont, eux, réussi à préciser que les nerfs se forment avant de disparaître une fois l'aile supprimée. Par cette démonstration, on venait de prouver que les neurones qui ne fonctionnent pas meurent.

Hamburger a continué ses recherches aux États-Unis. Il y a atteint l'âge de 100 ans. Les deux Italiens sont, eux, restés en Europe. Suspendus de l'Université de Turin en raison de leur origine juive, ils ont poursuivi leurs expériences dans la chambre de Rita Levi-Montalcini, laissant incuber des œufs et étudiant les embryons de poulet au microscope. Au moment où les bombes commençaient à tomber sur Turin, Rita Levi-Montalcini a fui pour la campagne où elle a continué ses observations. On manquait pourtant de nourriture, et les œufs utilisés pour les expériences ont dû resservir – pour faire des œufs brouillés.

Les facteurs de croissance neuronale

D'une manière ou d'une autre, Hamburger a eu vent de ces résultats et a invité Rita Levi-Montalcini à venir aux États-Unis, à Saint Louis, où il était professeur. Tous deux ont fait équipe et ont commencé à étudier pourquoi certains nerfs restent en place alors que d'autres disparaissent. La ponction d'une tumeur de souris les a conduits à découvrir qu'il était possible d'amener un neurone à développer une multitude de prolongements. Rita Levi-Montalcini a voulu identifier la substance responsable de l'accroissement des prolongements neuronaux. Avec le chimiste Stanley Cohen, elle a réalisé une série d'essais remarquables. Afin d'isoler la substance en question, ils

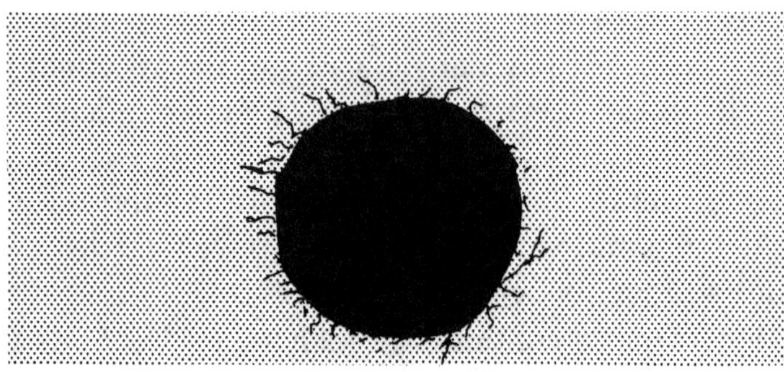

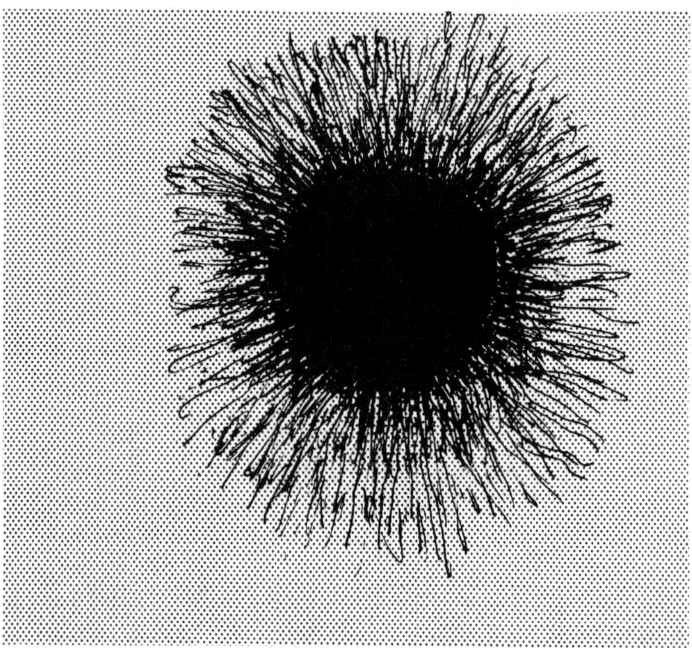

En haut, un neurone à nu. Lorsque le facteur de croissance neuro-nale NGF est ajouté, une multitude de prolongements apparaît sur la cellule (en bas). (D'après Rita Levi-Monbecini, avec son aimable autorisation.)

ont utilisé du venin de serpent, méthode classique pour décomposer les molécules protidiques. À leur grande surprise, toutefois, le venin a, de lui-même, entraîné une croissance encore plus importante de prolongements. Et c'est ainsi qu'on a découvert que le venin de serpent contient une très grande quantité de NGF (*Nerve Growth Factor*), qui stimule la croissance neuronale. Cette substance est essentielle pour le maintien des nerfs. Si on ôte l'aile ou les muscles de l'aile, la NGF disparaît aussi, ce qui a pour conséquence l'atrophie du nerf. Par la suite, on a identifié plusieurs autres types de facteurs de croissance neuronale. Ceux-ci se sont révélés extrêmement significatifs pour le développement du cerveau. Ils sont d'un intérêt d'autant plus grand qu'ils pourraient bien favoriser la survie d'autres neurones dans un cerveau vieillissant, particulièrement dans le cas des démences.

Mort cellulaire programmée

La mort cellulaire programmée est un processus très important durant le développement embryonnaire. Un exemple typique en est la palmure des doigts chez l'embryon humain. C'est bien parce que les cellules de la palmure ont été programmées pour mourir que nous avons cinq doigts à la naissance. Il existe ainsi une sorte de gènes suicidaires, lesquels sont activés dans certaines cellules. Si ces cellules ne sont pas activées, par exemple dans la main, alors l'enfant risque de naître avec les doigts palmés. Ce processus d'apoptose a été étudié en détail sur le petit ver nématode. Sa découverte a été récompensée par le prix Nobel en 2002.

Chez l'embryon humain, presque la moitié des neurones disparaissent à partir de la 28ᵉ semaine. Cela peut

Des contacts s'établissent entre les nerfs à travers la « communication synaptique » (synaptic crosstalk). (Avec l'aimable autorisation de Trends in Neurosciences.)

sembler lugubre, mais nous devons considérer que ce sont des cellules « inutiles » – une palmure du cerveau, en quelque sorte –, mieux vaut donc qu'elles meurent. Pour d'autres chercheurs, ce ne sont pas tant les neurones qui disparaîtraient que les dendrites et les synapses.

Au tout début, un grand nombre de fibres nerveuses sont connectées aux muscles. La plupart sont ensuite triées et rejetées au cours du développement et seules quelques-unes demeurent. Il en va de même pour les milliers de synapses appartenant à chaque cellule nerveuse. Si un très grand nombre de synapses apparaît à chaque seconde, il y en a aussi un très grand nombre qui disparaît. Est-ce que le nombre de cellules nerveuses qui disparaissent est plus important chez les enfants prématurés que chez les enfants nés à terme ? Il le semble, car les prématurés sont soumis à un type de stress que ne connaissent pas les autres, et ce stress augmente le taux de stéroïdes ainsi que la mort programmée des cellules nerveuses. On a d'ailleurs découvert également que certaines parties du cerveau ont un volume plus petit chez les enfants prématurés.

Importance des impressions sensorielles pour la formation des réseaux neuronaux

L'une des grandes questions qu'on se pose actuellement est de savoir si la formation et la disparition des synapses dépendent de facteurs plutôt génétiques ou plutôt environnementaux. Le chercheur français Jean-Pierre Bourgeois a étudié sur de petits singes l'éventuelle modification de la production synaptique induite par la présence d'impressions visuelles. Ses conclusions sont que la synaptogenèse se déroule comme prévu presque jusqu'à la naissance. Lors de la phase suivante, celle qui dure jusqu'à l'âge de 2 ans chez l'être humain, la synaptogenèse est bel et bien influencée par les impressions sensorielles, alors que, dans la phase qui suit, elle en dépend très peu. Après la puberté, en revanche, elle en est presque complètement dépendante.

De son côté, un chercheur allemand installé au Texas a réussi à stopper toute activité neuronale chez de petites souris, en supprimant le gène qui produit la protéine nécessaire pour la transmission des signaux. Il s'est dit que si l'activité neuronale était nécessaire pour le développement normal du cerveau, cette expérience devait pouvoir le faire apparaître. Dans les faits, les cerveaux des souris se sont révélés tout à fait normaux à la naissance, du moins lors de leur examen au microscope. En revanche, ces souris sont vite devenues séniles.

D'autres chercheurs ont cependant démontré que certains médiateurs chimiques comme le GABA peuvent tout de même être libérés chez des souris assommées de la sorte à un stade précoce. Pour avoir lieu, la transmission neuronale n'aurait donc pas besoin qu'un médiateur chimique soit libéré par les petites vésicules en cas de stimulation électrique. Mieux vaudrait ainsi parler de transmission ou de communication diffuse entre cellules – le *crosstalk*. Une preuve supplémentaire en est que la plupart de l'acétylcholine qui se libère au niveau musculaire le fait sans l'intervention de signaux neuronaux. Cela suffit toutefois pour stimuler les mouvements musculaires et créer les connexions entre nerfs et muscles pendant la vie embryonnaire.

CHAPITRE 5

Le fœtus actif

Si la plupart des cellules nerveuses sont formées après la 20e semaine de grossesse, le cerveau, lui, continue de grossir. Les neurones se ramifient, les dendrites et les synapses se développent, les cellules gliales se multiplient, les gaines de myéline apparaissent. Le réseau neuronal est encore assez peu structuré. À cette étape, c'est surtout le cortex cérébral qui s'amplifie, autrement dit la substance grise, c'est-à-dire le siège même de l'activité intellectuelle.

Pour contenir tous les neurones et leurs prolongements, le cortex cérébral doit se plisser. Voilà pourquoi des circonvolutions et des sillons apparaissent à partir de la 6e semaine de grossesse environ. Chez les fœtus prédisposés à un retard mental, par exemple les trisomiques 21, le cerveau ne se plisse pas ainsi, il reste assez lisse. Ce phénomène s'observe également après l'irradiation du cerveau ou la survenue de certaines maladies virales, comme la rubéole.

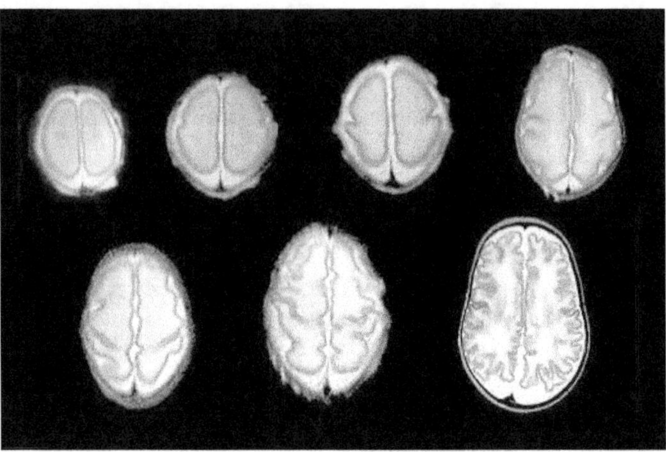

Au cours de la dernière partie de la vie fœtale, la surface du cortex cérébral augmente considérablement en formant des sillons et des circonvolutions. Images de cerveaux d'enfants obtenues par imagerie par résonance magnétique au cours de la 23ᵉ semaine de grossesse (en haut à gauche) jusqu'au terme de 40 semaines. (Image : Pr. Mary Rutherford, Imperial College, Londres.)

Dans ce surplus de neurones et de connexions qui se constitue, qu'est-ce qui détermine que tels neurones et telles synapses sont utiles, alors que tels autres sont inutiles et doivent disparaître ? Ce sont les neurones actifs, c'est-à-dire qui transmettent l'influx nerveux à d'autres neurones, qui survivent ; les autres meurent. On peut légitimement se demander si la stimulation nerveuse est quelque chose qui existe au cours de la vie fœtale. Les borborygmes intestinaux et les coups de pied dans l'utérus suffiraient-ils pour que des réseaux neuronaux plus sophistiqués se développent ?

Les impressions tactiles d'un fœtus

Le toucher se développe tôt chez le fœtus. Dès 8 semaines, le fœtus ou l'embryon sursaute si on touche ses lèvres récemment formées. À 14 semaines, c'est tout le corps qui réagit à des impressions tactiles. En premier lieu, il s'agit du toucher, puis de la température et enfin de la douleur. Ce phénomène a été observé sur des fœtus avortés dans les années 1930.

Auparavant, on ne croyait pas que les nouveau-nés, ou les fœtus, pouvaient sentir la douleur. Pour cette raison, on opérait des enfants nés prématurément sans anesthésie. Depuis qu'on a commencé à opérer des fœtus à l'intérieur de l'utérus, on sait qu'ils ont besoin d'analgésiques. Le fœtus semble même plus sensible à la douleur que l'enfant ou l'adulte. Une chercheuse anglaise a mené une expérience sur la déviation des signaux nerveux à partir de la moelle épinière chez des fœtus de rat exposés à une excitation douloureuse par le capsaïcine – substance extraite du poivron hongrois. Elle a observé à cette occasion des réponses puissantes face à des excitations douloureuses minimes. L'explication est probablement que les voies de la douleur sont déjà bien développées, tandis que les voies neuronales qui atténuent la douleur ne sont pas encore achevées. Peut-être même s'agit-il des nerfs qui contiennent les endorphines, la morphine du corps. Cela dit, même si le fœtus de rat réagit à la douleur au niveau de la moelle épinière, il ne doit pas beaucoup la sentir. Chez cet animal, en effet, les centres les plus importants du cerveau ne deviennent matures qu'après la naissance.

Qu'en est-il du fœtus humain ? Vers la fin des années 1980, il a été rapporté dans la presse anglaise qu'un fœtus de 20 semaines pouvait déjà sentir la douleur et qu'on devait administrer des analgésiques lors d'un avortement, surtout si la grossesse était avancée. Un groupe de chercheurs anglais a ainsi pu constater une augmentation du taux d'hormones de stress lors de prises de sang sur des fœtus avant l'avortement quand on introduisait l'aiguille dans son abdomen. Par contre, aucune réaction n'a été observée lorsqu'on a piqué dans le cordon ombilical, puisque celui-ci est dépourvu de nerfs. S'il est vrai qu'un fœtus réagit à la douleur, la question est de savoir s'il la ressent et s'il en souffre. Cela semble peu probable. Mais, bien entendu, lors d'interventions chirurgicales, il faut quand même l'anesthésier.

L'odorat et le goût

L'odorat se développe tôt, même s'il n'est pas très utilisé pendant la vie fœtale. Environ 5 % de notre génotype contient des gènes qui sont associés à différentes odeurs. Ce chiffre reflète peut-être la grande importance qu'a jouée l'odorat au cours de notre évolution. On estime qu'il se crée entre 500 et 1 000 récepteurs dans le plafond des fosses nasales chez l'être humain. Chaque récepteur peut sentir un nombre équivalent d'odeurs. Un être humain est en fait capable d'identifier jusqu'à 10 000 odeurs différentes.

Les signaux olfactifs des différents récepteurs se combinent dans les cellules dites glomérulaires, qui se trouvent dans le lobe olfactif du cerveau. À la différence de beaucoup d'autres cellules nerveuses, les cellules olfactives se renouvellent tous les trois mois environ tout au long de la vie. Les nouvelles cellules se créent à partir des cellules souches, qui sont assez nombreuses dans le lobe olfactif.

Le fœtus est sensible au goût. Nous savons depuis un certain temps qu'il réagit si on injecte une substance acide, salée ou amère dans le liquide amniotique. Un jour, un médecin qui traite des femmes qui ont trop de liquide amniotique (*hydramnios*) injecte de la saccharine dans l'utérus. Il constate que la quantité de liquide amniotique diminue, car le fœtus a bu davantage de ce bon liquide sucré. Un radiologue a obtenu le résultat contraire en injectant une substance contrastante radio-opaque amère. Le fœtus en a moins bu et la quantité de liquide amniotique a augmenté. Par ailleurs, certaines expériences olfactives dans la vie fœtale laissent des traces. Ainsi des rats qui, à l'état de fœtus, ont goûté du jus de pomme associé à une substance de mauvais goût ne touchent plus aux pommes le restant de leur vie.

L'ouïe

Que le fœtus soit capable d'entendre est connu depuis assez longtemps. Déjà dans les années 1920, un Américain avait constaté que le fœtus réagit quand on klaxonne à proximité de sa mère. On considère que le fœtus commence à réagir aux sons à partir de la 20e semaine environ, peut-être même aux sons plus tôt, mais il est possible que ce soient plutôt les vibrations qui provoquent une réaction. Le conduit auditif est rempli de liquide, et le fœtus réagit aux sons qui sont conduits à travers l'os crânien. À l'aide d'ultrasons, on voit d'ailleurs qu'il cligne des yeux quand il est exposé à un bruit fort. C'est par cette méthode qu'on peut découvrir qu'un bébé est sourd.

Qu'entend l'enfant ? Les battements du cœur de sa mère, ainsi que les mouvements intestinaux et le bruit du courant sanguin dans les grands vaisseaux, peuvent atteindre un niveau sonore équivalent à celui d'une rue avec beaucoup de circulation – soit jusqu'à 80 dB –, mais avoisinent normalement plutôt 40 dB, ce qui correspond au bruit d'un foyer ordinaire. Malgré cela, le fœtus entend probablement sa mère lorsqu'elle parle. Les bruits corporels ont une fréquence assez basse et sont ressentis plutôt comme des vibrations, tandis que la voix maternelle a une fréquence haute qui passe bien. Des femmes violonistes et violoncellistes ont rapporté que, durant leur grossesse, le fœtus devenait plus calme quand elles jouaient.

La vue

Si on dirige le flash d'un appareil photo vers le ventre d'une mère, le fœtus réagit : il se tourne vers la lumière. Si les flashes se répètent, il continue de réagir jusqu'à ce qu'il se lasse. Dans l'ensemble, les impressions visuelles ne sont pas très variées. Au mieux, l'enfant voit une petite lueur rougeâtre quand la mère s'expose au soleil. Cela dit, il existe une activité spontanée de la rétine. Celle-ci produit des signaux électriques qui se propagent jusqu'au cortex visuel, comme si la vue s'exerçait avant d'être confrontée à la réalité. La chercheuse américaine Carla Shatz a montré que le cortex visuel doit être stimulé avant que les yeux ne s'ouvrent afin que des synapses s'y forment. Son équipe a étudié de jeunes belettes et a observé une activité spontanée aussi bien dans la rétine que dans le cortex visuel avant l'ouverture des yeux. En révélant les ions calcium avec une substance fluorescente, elle a pu découvrir que des vagues d'activité balaient la rétine. Si cette activité spontanée est éliminée par une neurotoxine, les jeunes belettes deviennent aveugles. Les résultats de cette étude montrent que les neurones qui propagent l'influx sont bien connectés entre eux, mais que s'ils ne sont pas stimulés, ils disparaissent. C'est la règle du *Use it or Lose it* : « Ça sert ou ça disparaît. »

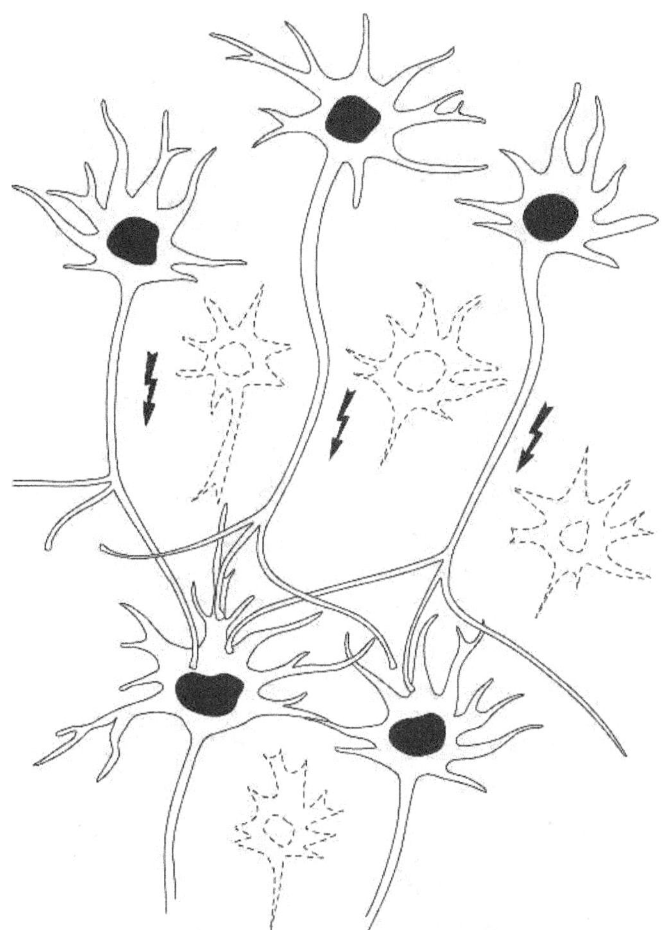

Les cellules nerveuses qui sont actives et qui propagent l'influx électrique se multiplient et forment davantage de prolongements, tandis que, comme le dit Carla Shatz, « les cellules nerveuses silencieuses disparaissent ».

Les mouvements

On sait depuis longtemps qu'un fœtus peut bouger. Au XVIIIe siècle déjà, en Hollande, on l'avait observé sur des embryons de serpent. En Suède, on a longtemps daté

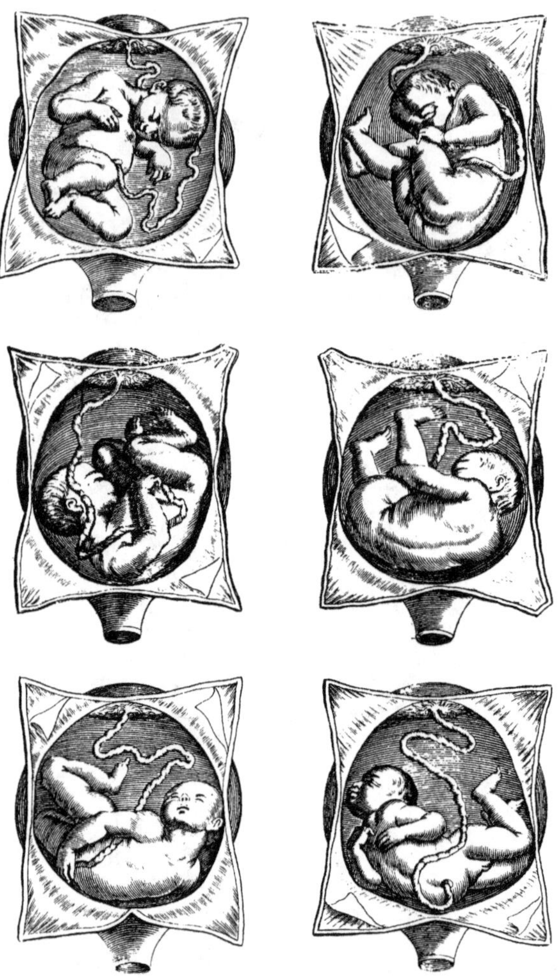

Mouvements du fœtus humain. (Dessins de François Mauriceau, 1683.)

l'éveil du fœtus au 4e mois environ, lorsque la femme enceinte perçoit les premiers mouvements fœtaux. Grâce à l'utilisation de l'échographie, on possède aujourd'hui une connaissance beaucoup plus fine de ces mouvements chez l'être humain. Ainsi, dans la 7e ou 8e semaine, on peut voir des sursauts, comme des mouvements brusques des bras et des jambes. Après 9 semaines, on observe que

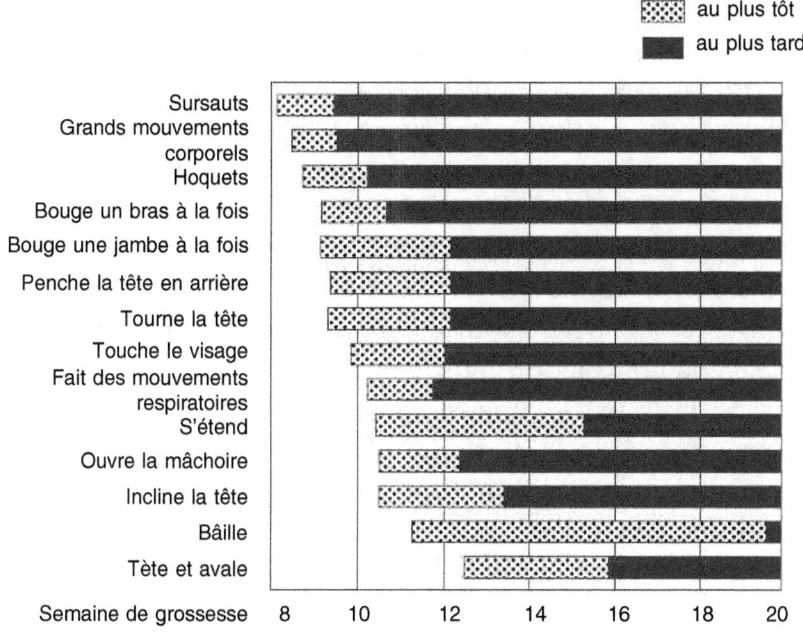

Mouvements du fœtus humain. Le diagramme montre le moment où ces mouvements apparaissent habituellement.

le fœtus bouge tout son corps. Vers la 10e, voire la 11e semaine, les mouvements respiratoires apparaissent (voir ci-dessus), ainsi que le hoquet. Le fœtus commence, par des mouvements de mâchoire et de déglutition, une sorte de mouvements imitant l'acte de manger, c'est-à-dire qu'il lève la main à sa bouche.

Les mouvements de la langue et du pharynx sont importants pour le développement du palais. Ils apparaissent après environ 10 semaines, quand les nerfs et leurs contacts musculaires deviennent plus matures. Les mouvements fœtaux semblent se faire de manière spontanée. Ils durent quelques secondes, puis cessent pendant une période allant jusqu'à quelques minutes. Au total, ils occupent 5 ou 10 % du temps. Curieusement, ils diminuent vers la fin de la grossesse.

Les mouvements fœtaux sont essentiels pour la connexion des circuits neuronaux. La même règle qu'auparavant s'applique, c'est-à-dire que les neurones qui déclenchent l'influx se développent et se ramifient, tandis que ceux qui sont passifs disparaissent. Au début, les muscles du fœtus reçoivent beaucoup de fibres nerveuses, mais, au fur et à mesure que le fœtus grandit, les fibres nerveuses diminuent et un seul nerf est finalement conservé. Ce nerf aboutit à la plaque motrice où commence la contraction musculaire.

Si le fœtus va mal, si, par exemple, il ne reçoit pas assez d'oxygène, les mouvements fœtaux s'arrêtent. Ce peut être le premier signe d'alarme. C'est la raison pour laquelle on a demandé à des femmes enceintes de noter les mouvements de leur bébé durant certaines périodes et de donner l'alerte en cas d'arrêt. Dans les faits, il s'est avéré que ce n'était pas une bonne méthode de dépistage pour prévenir la mortinatalité. En effet, les mouvements fœtaux peuvent diminuer spontanément, et beaucoup de femmes se sont inquiétées inutilement. On n'a, par ailleurs, pas observé de diminution de la mortinatalité.

La respiration

Avant, quand on parlait de premières respirations, on faisait référence à l'air respiré par le nouveau-né. De fait, l'étude réalisée au milieu du XXe siècle sur des fœtus de mouton, mais aussi des fœtus humains (après avortement), n'a révélé aucun mouvement respiratoire. L'un des spécialistes de la question, un Anglais, en a déduit que la respiration était inhibée pendant la vie fœtale. C'est au cours des années 1970 qu'on s'est mis à étudier les fœtus dans des conditions davantage physiologiques, en plaçant des électrodes et des cathéters sur des fœtus de mouton qu'on a ensuite réimplantés dans l'utérus. Quelques jours après, on a commencé les examens, et on a constaté que les fœtus avaient subi un stress lié à l'intervention. Quand ils avaient récupéré, ils manifestaient des mouvements respiratoires. Bien entendu, il n'est pas question ici d'air ou de liquide amniotique, mais de liquide pulmonaire, lequel est produit en permanence dans le fœtus. De toute façon, il serait étrange que le fœtus ne s'exerce pas à respirer, de la même façon qu'il s'exerce aux autres mouvements musculaires. Même si la respiration fœtale n'a pas d'incidence sur l'échange de gaz, elle est essentielle pour développer l'arbre bronchique. Le va-et-vient du liquide pulmonaire stimule en effet le développement des alvéoles pulmonaires.

Chez l'être humain, les mouvements respiratoires commencent dès la 11e semaine. De manière remarquable, ils n'augmentent pas, mais diminuent en fin de grossesse. Ce mouvement respiratoire n'a lieu que si le fœtus dort d'un sommeil paradoxal – c'est le sommeil pendant lequel on rêve. Une des caractéristiques de cette phase est le mouvement oculaire rapide. Plus le fœtus est âgé, moins il a besoin de ce type de sommeil. Pendant ce sommeil paradoxal, un bruit intense se produit dans le cerveau. C'est peut-être ce qui provoque les rêves, mais aussi ce qui maintient les mouvements respiratoires. Pendant le sommeil paradoxal, les adultes aussi respirent de façon irrégulière. Avec le passage au sommeil lent, pendant lequel on ne rêve pas, le bruit cesse dans le cerveau, ce qui est visible sur un électroencéphalogramme. À ce moment-là, le fœtus cesse également ses mouvements respiratoires, qui sont activement inhibés. On peut alors pincer le fœtus et l'exciter de diverses manières, sans que ces mouvements réapparaissent.

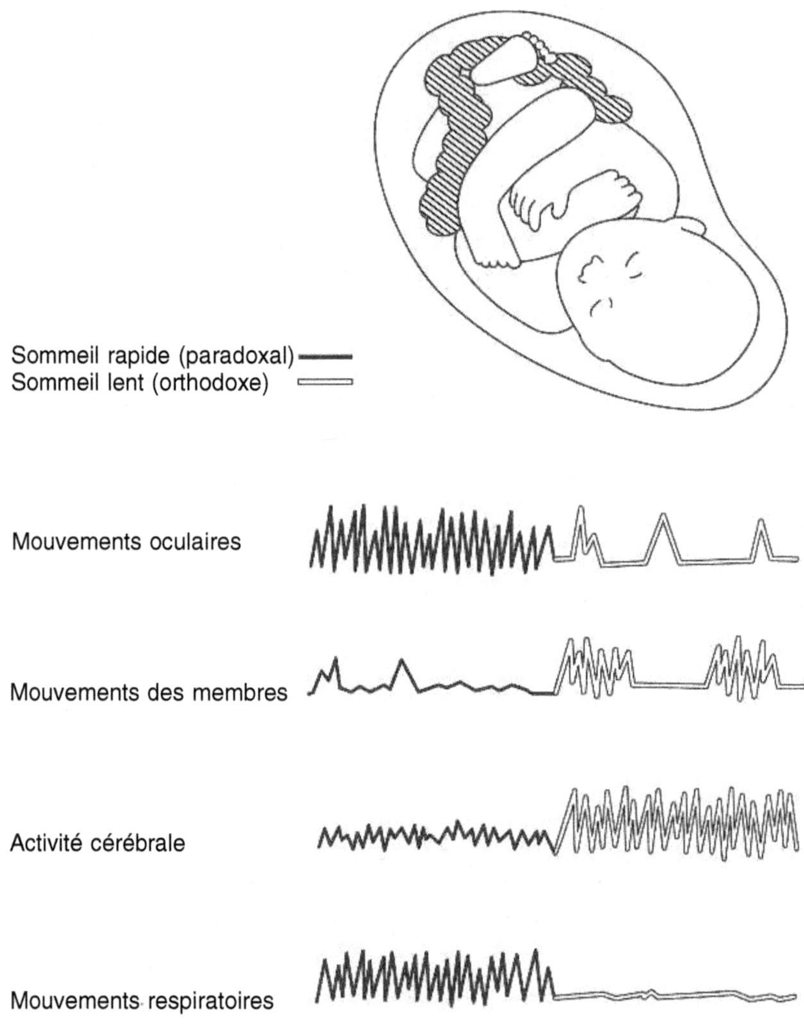

Le fœtus dort la plupart du temps, mais il peut ouvrir les yeux et paraît éveillé pendant des périodes assez courtes. Son sommeil consiste surtout en un sommeil paradoxal caractérisé par un mouvement oculaire rapide. Pendant cette phase, le fœtus a des mouvements respiratoires. Au cours du sommeil lent, en revanche, les mouvements respiratoires et les mouvements oculaires sont inhibés.

Un fœtus s'entraîne

Comment se forment les voies neuronales au cours de la vie fœtale ? Deux théories s'opposent. Selon la première, formulée par le chercheur et prix Nobel américain Roger W. Sperry, toutes les cellules sont porteuses d'une sorte de marqueur, ou étiquette d'identification, grâce à laquelle les nerfs trouvent leur chemin lorsqu'ils doivent se connecter. La seconde théorie, avancée par le psychologue canadien Donald Hebb, est que les voies neuronales se forment parce qu'elles sont activées, tandis que les cellules nerveuses qui ne sont pas stimulées disparaissent (voir ci-dessus).

En quoi est-il important que le fœtus bouge et éprouve différentes impressions sensorielles ? Pour le savoir, on a examiné en détail l'importance des vibrisses chez la souris et le rat nouveau-né. Les vibrisses sont placées sur le museau et connectées au cerveau par des nerfs. Si l'on ôte une vibrisse, les neurones correspondants disparaissent. Les neurones du cerveau doivent donc être stimulés pour survivre. De son côté, le Suédois Jens Schoenborg a récemment démontré que les mouvements fœtaux sont importants pour que les voies neuronales se connectent correctement dans la moelle épinière. En excitant des pattes d'embryons de souris avec différents types de stimulations, on est parvenu à modifier les connexions nerveuses. La question se pose donc de savoir s'il faut tenter de stimuler le fœtus par des moyens visuels, auditifs et tactiles (lumières de flashes, chant, musique instrumentale ou massages). Actuellement, aucune indication ne semble y répondre.

Quand il y a menace

Un adulte exposé à une menace réagit par un comportement de lutte ou de fuite, ce qui se traduit par des cheveux hirsutes, des pupilles dilatées, une respiration rapide et le cœur qui bat la chamade. Le taux d'adrénaline augmente dans le sang qui est envoyé aux muscles, cependant que le flux sanguin destiné aux organes internes diminue. Cette réaction, qui est parfaitement adaptée si l'on se fait attaquer par une bête féroce, se manifeste également en cas de manque d'oxygène dans une cabine d'avion ou quand on se fait « remonter les bretelles » par son chef. Le fœtus, lui, lorsqu'il est exposé à un stress équivalent, réagit de façon contraire. Il arrête de bouger et s'immobilise totalement. On dit parfois qu'il « fait le mort ». Son cœur bat plus lentement. Le flux sanguin en direction de la peau et des muscles diminue fortement et c'est le cerveau qui est alimenté en premier lieu. Le fœtus a une réaction contre le stress qui peut sembler paradoxale. Si l'adrénaline et d'autres hormones du stress sont bien libérées, son comportement est le contraire de celui de l'adulte. Pourtant, à y réfléchir, sa réaction est plutôt appropriée. C'est, en effet, un moyen d'économiser de l'oxygène, lequel peut devenir une denrée rare si jamais le placenta est en train de se détacher ou si le cordon ombilical s'enroule. Si le problème est découvert à temps, on a une chance de pouvoir sauver le fœtus en pratiquant une césarienne d'urgence. Dans ce genre de cas, on parle aussi de « réflexe de plongée » du fœtus, parce que les phoques et les canards ont une réaction similaire pour économiser l'oxygène quand ils plongent. Le fœtus peut aussi réagir au stress de sa mère. Par exemple, son activité cardiaque se modifiera si celle-ci regarde un film d'horreur. Toutefois, globalement, un fœtus est assez bien protégé contre les stress « normaux » pendant la grossesse. En revanche, si la mère est victime de violence ou d'un viol, le risque de mortalité augmente.

Alcool, drogues et tabac

Exposer le fœtus à une dose très élevée d'alcool revient à lancer une attaque terroriste contre le cerveau, à un moment où les neurones se connectent et des réseaux sophistiqués se forment. L'alcool, la cocaïne ou l'ecstasy créent un véritable chaos, et les neurones sont mal connectés. Les enfants qui ingèrent indirectement de grandes quantités d'alcool rencontrent des problèmes à l'école, en particulier dans des matières comme les mathématiques et la musique. Ils ont aussi une apparence particulière, qu'on nomme le syndrome d'alcoolisme fœtal. Précisons qu'il faut une consommation d'alcool élevée chez la mère – environ une bouteille de vin par jour. Cela dit, il semble que l'absorption occasionnelle de doses d'alcool puisse, elle aussi, induire des bouleversements dans les connexions nerveuses. L'alcool semble notamment influer sur le système GABA. Le GABA (acide gamma-amino-butyrique) est un médiateur chimique essentiel, qui joue un rôle important dans la formation des circuits nerveux. C'est d'ailleurs une vague de neurones GABA qui forme le grand cortex cérébral (voir Chapitre 3).

Pendant cette phase critique, il suffit d'une concentration peu élevée d'alcool pour que la formation des circuits nerveux soit perturbée dans le cerveau du fœtus. On a démontré que des doses d'alcool moins importantes, insuffisantes en tout cas pour provoquer un syndrome d'alcoolisme fœtal, entraînaient un risque accru de TDAH

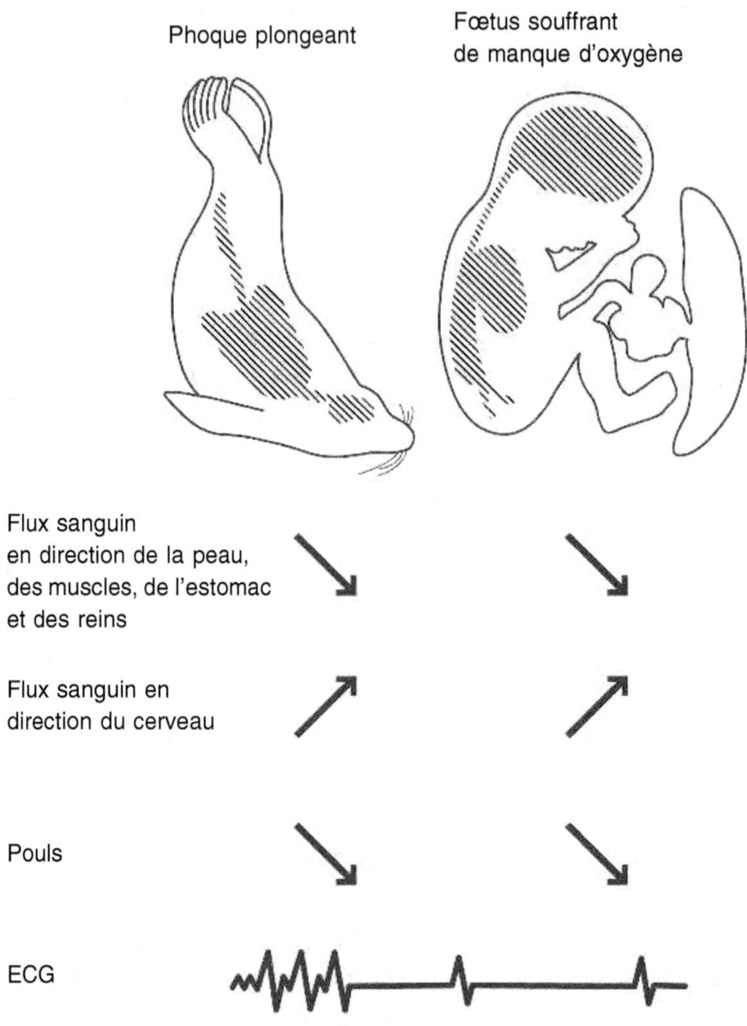

Le fœtus supporte le manque d'oxygène mieux qu'un individu adulte. L'une des raisons en est peut-être le déclenchement d'un réflexe de plongée, un peu comme chez les phoques plongeants. En cas de manque d'oxygène, les vaisseaux sanguins de tous les organes internes et les muscles se contractent : c'est seulement le cerveau qui est bien alimenté en sang, car c'est lui qui est le plus sensible au manque d'oxygène. Le cœur bat plus lentement, peut-être pour économiser l'oxygène.

– trouble déficitaire de l'attention avec ou sans hyperactivité. Il n'a pas été possible de déterminer un taux d'alcool qui serait dépourvu de tout danger pour le fœtus. C'est un peu comme boire de l'alcool quand on conduit : la plupart du temps, tout se passe bien, on ne renverse personne, et on n'est pas arrêté pour un contrôle de police, mais pourquoi prendre le risque ? Alcool et grossesse ne font pas bon ménage ; tout comme alcool et conduite automobile.

Fumer des cigarettes pendant la grossesse expose le fœtus au monoxyde de carbone et à la nicotine. Le monoxyde de carbone se fixe sur l'hémoglobine, la substance rouge qui transporte l'oxygène dans le sang. Les organes du fœtus sont ainsi moins oxygénés qu'ils ne le devraient. La nicotine, elle, augmente le taux de dopamine dans le cerveau – c'est ce qui fait qu'on apprécie une cigarette. Le fœtus ne l'apprécie probablement pas de la même manière et voit augmenter ses risques de développer un trouble de l'attention (TDAH) plus tard dans la vie. Ce trouble dépend, en effet, de la libération d'une quantité insuffisante de dopamine dans le cerveau, ce qui peut arriver quand la transformation de dopamine est affectée durant la vie fœtale et, par conséquent, mal programmée. Chaque cigarette fumée par une femme enceinte quotidiennement entraîne une diminution de poids de 10 grammes chez le fœtus – soit 200 grammes par jour si la mère fume un paquet par jour. En outre, le fait de fumer augmente le risque de fausse-couche et de mort subite du nourrisson. Priser du tabac ou utiliser des patches de nicotine n'est pas préférable, puisque c'est justement la nicotine qui est dangereuse pour le fœtus.

Un fœtus se prépare

Au cours des derniers mois de grossesse, le fœtus semble se préparer pour la vie à l'air libre. Il prend du poids pour pouvoir supporter le froid à l'extérieur de l'utérus. Apparaît également de la graisse brune, laquelle est calorifique. Les nouveau-nés ne savent pas grelotter et sont, pour cette raison, dépendants de cette graisse brune quand ils ont froid.

La maturité des poumons est déterminante pour que le nouveau-né puisse survivre hors de l'utérus. L'arbre bronchique s'est ramifié successivement et les alvéoles se sont développées. Il y en a environ 25 millions à la naissance. Dans les poumons se forme un liquide qui coule dans le liquide amniotique. Quand le moment de la naissance est venu, ce liquide peut être absorbé (voir page 89). Une substance, appelée surfactant, qui diminue la tension superficielle, se forme également. Elle fonctionne un peu comme du savon et aide les alvéoles pulmonaires à se dilater plus facilement, comme des bulles de savon. Un enfant prématuré manque de cette substance et a, pour cette raison, du mal à gonfler ses poumons à la naissance.

Un chercheur néo-zélandais qui avait donné du cortisol à des brebis pour déclencher la mise bas a constaté que ces agneaux prématurés se débrouillaient très bien en comparaison d'autres agneaux prématurés. De fait, le cortisol accélère plusieurs processus de maturation chez le fœtus, en particulier celui des poumons. C'est la raison pour laquelle on prescrit actuellement des traitements à base de corticoïdes (bétaméthasone) lorsqu'il y a risque de naissance prématurée. Le problème est que si ces doses de cortisone sont administrées de façon trop régulière, l'organisation du nouveau cerveau risque d'en être perturbée.

Les alvéoles sont pourvues de capillaires qui permettent à l'oxygène de l'air d'être assimilé par le sang. Ce processus commence à s'accélérer autour de la 28e semaine de grossesse : il est, par conséquent, difficile pour un bébé qui naît avant la 28e semaine de respirer tout seul. Néanmoins, si la maturité des poumons est stimulée par de la cortisone avant la naissance et que l'on administre du surfactant dès la naissance, des prématurés nés autour de la 23e semaine de grossesse peuvent survivre. Actuellement, c'est la maturité des poumons qui est déterminante pour la survie hors de l'utérus.

À la naissance, le bébé doit pouvoir respirer l'air. En tant que fœtus, il s'y est entraîné depuis longtemps en respirant le liquide pulmonaire. Les premiers mouvements respiratoires apparaissent bien avant la naissance, autour de la 11e semaine. À la naissance, il s'agit « seulement » d'échanger le liquide pulmonaire contre de l'air.

Quand la grossesse est parvenue à terme et que le fœtus est bien préparé pour la vie, il déclenche l'accouchement. On considère, en effet, que c'est lui, et non la mère, qui est responsable du déclenchement. De quelle manière procède-t-il, on ne le sait pas encore clairement. Il est possible que l'alimentation ne soit plus suffisante pour le fœtus qui a grandi : du coup, le taux de glycémie diminue et déclencherait l'accouchement. Dans les cultures où l'on respecte certaines phases de jeûne religieux, le nombre d'accouchements augmente de façon périodique. Une situation de stress chez le fœtus ou la mère peut aussi le déclencher. Un taux bas de glycémie ou une poussée de stress active en effet l'hypophyse et les glandes surrénales qui libèrent, à leur tour, des hormones corticosurrénales. La cortisone active à son tour l'utérus et le sensibilise à l'ocytocine – l'hormone stimulant les contractions qui est libérée par l'hypophyse de la mère. Quand le processus se déclenche, le col utérin se dilate et la poche des eaux se rompt. Une fois que le processus d'accouchement est enclenché, il est difficile à stopper, telle une avalanche qui, une fois déclenchée, ne peut plus être arrêtée.

CHAPITRE 6

La naissance du bébé

Le passage de la tête constitue l'un des grands problèmes de l'humanité. C'est déjà le constat que fait Laurence Sterne vers le milieu du XVIIIe siècle, quand il décrit la naissance de son personnage Tristram Shandy : « Cette force qui est exercée contre le crâne, peut-on lire, a non seulement endommagé le cerveau même – mais il a nécessairement aussi coincé et poussé le cerveau contre le cervelet, le siège même de la raison ! Protégez-nous, ô tous les anges et donneurs de grâce ! s'exclamait mon père – y a-t-il une âme qui résiste à une telle secousse ? Ce n'est pas étonnant que le tissu de l'intellect est si déchiré comme nous avons l'habitude de le voir, et que si nombreuses de nos meilleures têtes sont guère mieux qu'un écheveau de soie embrouillé ; que de confusion, que d'embarras à l'intérieur... Que me fait-il quel bout de mon fils voit d'abord la lumière du jour, si seulement tout va bien et son petit cerveau s'échappe non endommagé ? »

Pour Sterne, naître par le siège serait tout aussi bien. Contrairement à Descartes, il soutenait que la localisation de l'esprit était à chercher du côté du tronc cérébral.

Le cerveau représente environ le dixième du poids d'un nouveau-né. La tête est grosse et, par rapport au bassin de la mère, l'expulsion présente une vraie difficulté. C'est pour cette raison même, avancent certains, que l'enfant naîtrait physiologiquement deux mois trop tôt. Le nouveau-né est, par conséquent, relativement immature, comparé à l'agneau par exemple, qui peut se mettre debout et téter assez rapidement, ou au petit singe qui peut s'accrocher à la mère quand elle se déplace d'arbre en arbre. Le petit être humain, lui, est complètement impuissant. Il ne peut même pas adresser un sourire à sa mère quand elle s'occupe de lui. Le sourire ne vient qu'environ deux mois plus tard, soit à l'époque où l'enfant aurait dû naître selon certains biologistes.

Lorsque l'utérus se contracte pendant l'accouchement, la tête est soumise à une pression très forte. À peu près comme quand on gonfle le brassard du tensiomètre jusqu'au point de douleur. La tête du bébé est compressible grâce à l'absence de sutures et à la fontanelle du crâne. Parfois, on arrive à visualiser comment elle a été comprimée, car il s'est formé une crête osseuse sur le haut du crâne. Les yeux sont parfois aussi injectés de sang, mais c'est sans gravité. Le cerveau du nouveau-né est très résistant et il n'existe pas de risque majeur que l'intelligence soit endommagée, comme le pensait Sterne.

Tristram Shandy *est le premier roman sur le destin et les aventures d'un fœtus. Notez le forceps en haut.*

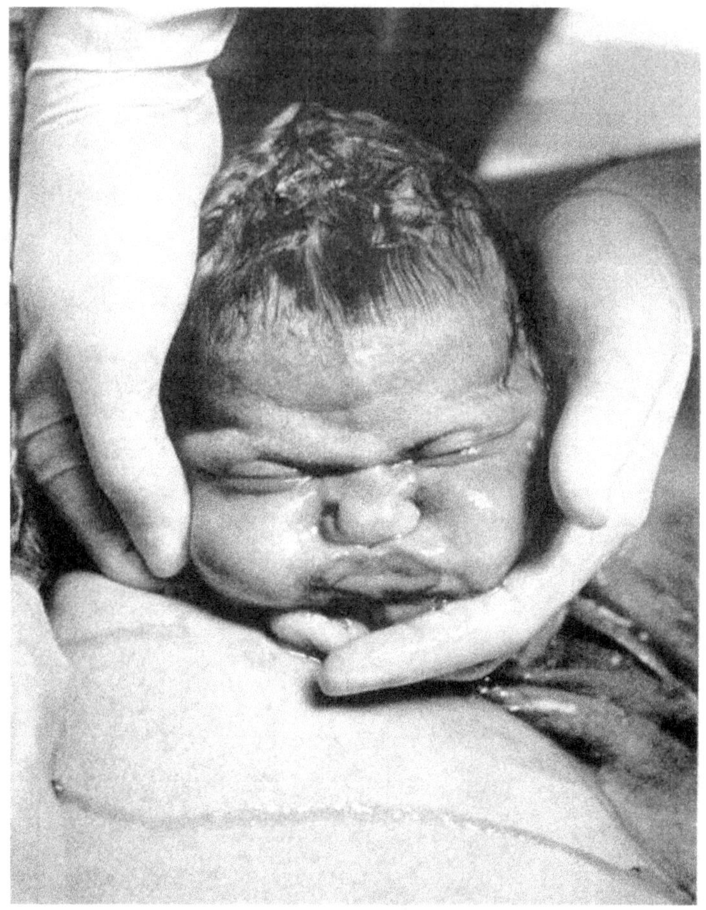

La tête du fœtus est comprimée et déformée lors d'un accouchement normal. Les taux d'hormones du stress sont très élevés.
(Photo : Thomas Bergman.)

Le stress de la naissance

La naissance naturelle est, bien entendu, éprouvante pour le fœtus, même si l'on estime qu'il ne ressent pas vraiment de douleur, car il est un peu anesthésié. En effet, si l'on fait une piqûre de vitamine K à un nouveau-né,

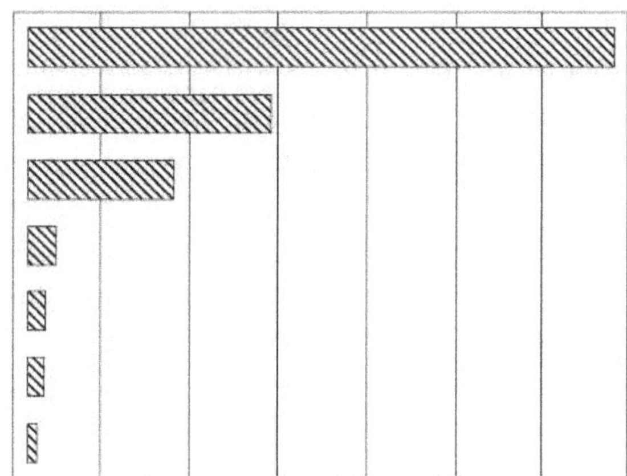

Le stress pendant la naissance. Le niveau de noradrénaline dans le sang du fœtus, avant, pendant et après la naissance. Il se situe à un niveau considérablement plus élevé que pour un adulte au repos ou un adulte exposé à différentes situations de stress.

celui-ci réagit à peine, ce qui n'est pas le cas avec une piqûre faite vingt-quatre heures après la naissance. Peut-être le fœtus s'est-il entraîné à activer ses propres mécanismes analgésiques depuis le stade embryonnaire.

Même au cours d'un accouchement sans complications, le taux d'hormones de stress chez le fœtus augmente considérablement. Il monte à un niveau qui est vingt fois plus élevé que chez un adulte au repos. Même chez la femme qui accouche, le taux hormonal n'augmente pas autant. Si le cordon ombilical se coince ou si le bébé se présente par le siège, le taux de stress est carrément multiplié par cent comparé à un taux adulte. Même un adulte qui saute en parachute ou qui court un marathon ne libère pas autant d'adrénaline qu'un nouveau-né.

Le mécanisme responsable de la libération de tant d'hormones de stress est peut-être justement la très forte compression de la tête. Quand la pression au niveau de la tête augmente, le système orthosympathique et les surrénales s'activent, et de la noradrénaline se libère. L'augmentation de la pression sanguine est un facteur important pour que le cerveau ne se vide pas de son sang – ce phénomène est appelé « réflexe de Cushing », du nom d'un neurochirurgien américain. Ce qui est remarquable, c'est que le fœtus et le nouveau-né ne semblent pas malmenés par ce stress. Au contraire, on dirait même qu'il leur est bénéfique. La noradrénaline permet à la pression sanguine de se maintenir, si bien que le cerveau reste alimenté en sang lorsque la tête est comprimée. L'adrénaline stimule l'absorption du liquide pulmonaire pour remplir les poumons avec de l'air, ce qui augmente aussi le taux de glycémie.

Le réveil

Quand le bébé sort du bassin maternel, il a les yeux fermés. C'est seulement lorsqu'il est entièrement sorti et qu'il a respiré, un peu irrégulièrement, qu'il semble s'éveiller – alors il crie et ouvre les yeux. Même s'il fait clair dans la pièce, ses pupilles sont dilatées. Avant l'expulsion, le bébé dort probablement, en dehors de brefs moments où il ouvre les yeux. Des médiateurs chimiques inhibiteurs, comme l'adénosine et les endorphines, diminuent probablement l'activité du cerveau. La pression d'oxygène est basse, ce qui y contribue certainement aussi. Le déclenchement de la naissance provoque une forte augmentation du taux d'adrénaline et de noradrénaline dans le sang du bébé. La noradrénaline cérébrale s'active probablement aussi – c'est du moins ce que nous avons constaté chez des rats nouveau-nés. La noradrénaline est libérée par les nerfs qui relèvent du *locus coeruleus*. Ce dernier est une structure bleuâtre située dans le tronc cérébral, d'où partent des milliers de ramifications nerveuses. Ce sont elles qui libèrent la noradrénaline, laquelle, à son tour, active le cerveau tout entier.

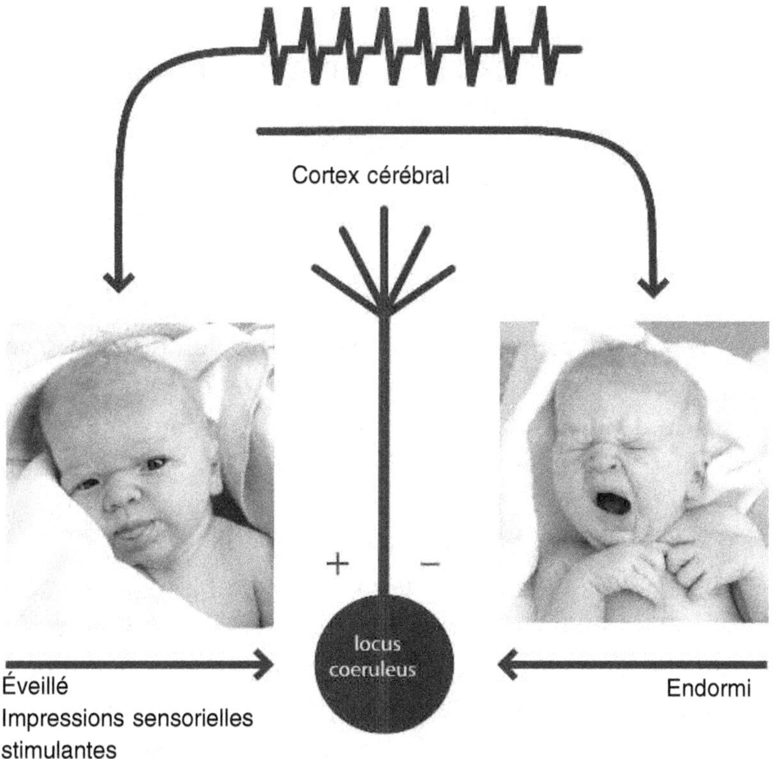

Le réveil après la naissance. Un noyau particulier situé dans le tronc cérébral – le locus coeruleus *– est activé, ce qui induit l'augmentation du taux de noradrénaline dans tout le cerveau. (Photos : Anders Vigant.)*

On a alors l'impression que tout le cerveau s'éveille. Certains gènes sont activés, en particulier ceux qu'on nomme *Immediate Early Genes*, c'est-à-dire les gènes c-fos, c-jun et nurr. Ces gènes immédiats et précoces sont aussi appelés facteurs de transcription, parce qu'ils sont capables de stimuler d'autres gènes afin, par exemple, qu'ils déclenchent la formation de médiateurs chimiques.

La césarienne

Dans des textes datant de l'époque romaine, on trouve déjà une description de la césarienne. Sous César, en effet, a été promulgué un décret ordonnant de pratiquer une césarienne sur une femme enceinte qui venait de décéder. C'est seulement vers la fin du XIXe siècle qu'il devient possible pour la mère et l'enfant de survivre à une opération de césarienne – et encore, pas dans tous les cas. Aussi tard que dans les années 1950, la césarienne demeure très peu pratiquée ; ensuite, on y recourt de plus en plus souvent. L'introduction de la surveillance électronique de l'activité cardiaque du bébé au cours des années 1970 est sans doute pour beaucoup dans l'augmentation du nombre de césariennes pour « plus de sécurité ».

Désormais, beaucoup de femmes souhaitent une césarienne. Peut-être parce que l'époque n'est plus à laisser la nature décider en matière d'accouchement. Une césarienne est planifiable. L'avantage est donc que l'accouchement peut être programmé, et que le bébé n'est pas exposé aux mêmes tensions que lors d'un accouchement par voie naturelle. On évite de cette manière le risque de mauvaises surprises.

Les inconvénients, en revanche, sont non seulement un risque accru pour la mère en raison de l'anesthésie et une convalescence plus longue ; du côté de l'enfant, les fonctions vitales ne se déclenchent pas aussi facilement que chez un bébé né par voie naturelle. En effet, un accouchement normal déclenche une cascade d'hormones qui permet au bébé de respirer plus facilement, tandis que le taux de glycémie et la température corporelle se maintiennent mieux. Il est possible que le mode d'accouchement influe sur l'activation et la libération de médiateurs chimiques, comme la dopamine, dans le cerveau. Des expériences menées sur les animaux ont montré que certains systèmes de neurotransmetteurs ne se déclenchaient pas au même degré si les petits n'étaient pas nés par voie naturelle.

En cas d'asphyxie avant et pendant la naissance

L'alimentation du fœtus en oxygène dépend du placenta. La respiration, qui comprend aussi bien l'approvisionnement en oxygène que le rejet du gaz carbonique, a lieu dans le placenta. Si ce dernier est endommagé, par exemple parce que la pression sanguine est trop élevée chez la mère, le transport d'oxygène est plus difficile. Le fœtus est ainsi exposé à un manque chronique d'oxygène et ne grandit pas normalement. Le fœtus peut aussi être menacé d'un manque aigu d'oxygène si le placenta se détache ou si le cordon ombilical est comprimé, ce qui est souvent détecté par surveillance électronique.

Le terme « asphyxie », dont la signification originelle est « sans pouls », désigne une diminution ou une absence d'échange dans le placenta ou les poumons. Une asphyxie chronique peut être difficile à découvrir. Un premier signe d'alerte est l'absence de mouvements du fœtus. Si la femme enceinte s'en rend compte, elle doit contacter un médecin au plus vite. Le médecin examine alors le fœtus au moyen d'une échographie, et enregistre la pression sanguine au niveau du cordon ombilical. Si celle-ci n'est pas satisfaisante, il faut pratiquer une césarienne d'urgence.

Les contractions utérines agissent sur le fœtus, surtout si le placenta et/ou le cordon se trouvent positionnés de telle façon que le flux de sang oxygéné en direction du fœtus est en baisse. Le fœtus réagit dans ce cas par une baisse des pulsations, visible sur la courbe du moniteur fœtal. La chute du pouls la moins dangereuse a lieu pendant la contraction utérine : elle dépend alors d'une sorte de réflexe qui est déclenché par la pression exercée contre la tête. Si la chute dessine un « w » sur le monitoring ou bien si elle apparaît peu après la contraction, alors il y a bel et bien manque d'oxygène. On parle parfois de « réflexe de plongée » du fœtus (voir Chapitre 5, page 80).

Les séquelles après une asphyxie grave

Le fœtus supporte vraisemblablement mieux l'asphyxie qu'un individu adulte, notamment grâce à ce réflexe de plongée qui assure l'alimentation du cerveau en sang. En outre, un fœtus normal et parvenu à terme peut mobiliser des réserves énergétiques sous forme de glycogène à partir du cœur et du foie, et activer son métabolisme anaérobie. Le cortex cérébral du fœtus, qui ne nécessite pas beaucoup d'oxygène, semble également mieux supporter le manque d'oxygène que celui de l'adulte. Le tronc cérébral, en revanche, est plus mature et peut donc plus facilement être endommagé. Cela explique que les enfants prématurés qui ont souffert d'asphyxie présentent parfois des séquelles liées à une infirmité motrice cérébrale, sans que le cortex cérébral soit, lui, grandement affecté. Ces enfants souffriront surtout d'un handicap moteur.

Parfois le fœtus souffre trop longtemps d'asphyxie, par exemple quand le placenta s'est détaché et qu'une césarienne n'a pu être réalisée à temps. Autre cause possible : le fœtus qui « se coince » pendant l'expulsion, parfois lors d'un accouchement par le siège. Il peut aussi s'agir de complications liées au cordon ombilical : l'enfant naît alors inerte avec une activité vitale très basse, c'est-à-dire qu'il ne respire pas et que son pouls est faible ; il obtient un score Apgar très bas. Le test d'Apgar est un système d'évaluation imaginé par le médecin anesthésiste américain Virginia Apgar, où l'on note la respiration, la fréquence cardiaque, la réactivité, le tonus et la couleur de la peau. Ces bébés ont besoin d'un sauvetage cardio-pulmonaire, c'est-à-dire d'une ventilation artificielle et, dans certains cas, d'un massage cardiaque. Pour ce faire, on introduit un tube plastique dans la trachée (tube trachéal) afin d'insuffler de l'air enrichi en oxygène. Pour que la respiration commence, on ventile l'enfant entre deux et trois fois le temps qu'il a manqué d'oxygène. Par exemple, si le cordon ombilical a été coincé pendant cinq minutes, il faut environ dix à quinze minutes pour réanimer le bébé.

La plupart des bébés supportent même une asphyxie assez grave. Il y a plusieurs exemples historiques de personnages célèbres qui n'ont pas respiré à la naissance, Johann Wolfgang von Goethe ou Marc Chagall par exemple. Toutefois, si la respiration ne se déclenche pas dans les vingt minutes qui suivent la naissance, on risque des séquelles cérébrales permanentes. Après trente minutes, la situation est quasi désespérée : l'enfant aura probablement de très graves séquelles cérébrales si, du moins, il survit.

Les mécanismes impliqués
dans les séquelles cérébrales

À la naissance, un nouveau-né qui a souffert d'asphyxie est d'abord inerte, comme une poupée de chiffon. Après quelques heures, il devient de plus en plus tendu et les convulsions commencent. Les yeux peuvent d'abord être ouverts et fixes, mais, au fur et à mesure, l'état comateux s'installe.

On commence maintenant à comprendre ce qui se passe dans le cerveau dans ce genre de cas. L'asphyxie entraîne la libération à des taux élevés de certains acides aminés. Il s'agit du glutamate et de l'aspartate, les médiateurs chimiques les plus importants du cerveau, mais qui, à doses importantes, deviennent toxiques. Peut-être se produit-il une sorte de surchauffe cérébrale. C'est en tout cas ce que laisse penser l'utilisation de la tomographie par émission de positrons (PET) pour examiner le cerveau et mesurer son métabolisme.

Ces acides aminés « toxiques » provoquent la suractivation des neurones, puis leur mort. C'est la raison pour laquelle les bébés ont des convulsions. Leur cerveau gonfle et un œdème cérébral apparaît. Il est possible de suivre cette évolution avec l'électroencéphalogramme et le moniteur de fonction cérébrale. Quand tout est normal, on voit des ondes qui reflètent le sommeil lent, rapide ou paradoxal ; dans le cadre de séquelles cérébrales, on voit tout d'abord un motif irrégulier avec des soi-disant « pics » qui correspondent aux convulsions. Si l'état s'aggrave, presque toute l'activité cérébrale disparaît et on voit seulement des « pics » isolés. L'enfant est alors pratiquement en état de mort cérébrale, et il faut considérer si on poursuit le traitement ou non.

Il y a quelques années, on a découvert que le cerveau pouvait dans une certaine mesure être protégé si l'on refroidissait la tête. Une réduction de la température jusqu'à 33-34 °C s'est révélé avoir des conséquences sensiblement positives, en premier lieu lors d'expériences menées sur les animaux. Les études cliniques dont on dispose désormais montrent un effet positif, à condition que l'enfant n'ait pas souffert d'une asphyxie trop grave. Le refroidissement consiste à placer la tête de l'enfant sous un casque pourvu de tuyaux à travers lesquels passe de l'eau froide. La méthode n'est pas nouvelle. Déjà dans les années 1960, l'obstétricien suédois Björn Westin a essayé de refroidir des nouveau-nés ayant souffert d'asphyxie. Il a obtenu d'assez bons résultats, mais les pédiatres étaient sceptiques, notamment parce qu'il n'avait procédé à aucune étude randomisée pour valider son traitement.

CHAPITRE 7

Le cerveau né prématurément

Sigmund Freud l'avait déjà dit, l'utérus protège le cerveau de l'enfant et l'empêche d'être stimulé trop tôt. Un enfant prématuré va manquer de cette barrière protectrice.

Environ 6 % des enfants naissent prématurément, c'est-à-dire avant 37 semaines de grossesse. Naître « un peu » prématuré n'est plus aujourd'hui un grand souci. C'est seulement quand les bébés sont très prématurés, c'est-à-dire qu'ils naissent avant 28 semaines et pèsent moins de 1 000 grammes qu'il y a problème. Sont concernés moins de 0,5 % des nouveau-nés – soit, par exemple pour la Suède, environ 400 enfants par an. Cela ne paraît pas beaucoup rapporté au nombre total annuel de naissances qui s'élève à 100 000, mais cela représente tout de même quinze classes d'école.

Les soins intensifs destinés aux enfants prématurés malades ont été mis en place dans les années 1960. Ces bébés étaient placés sous ventilateur artificiel ; leur respi-

ration et leur activité cardiaque étaient assurées par surveillance électronique. Avant cette date, les grands prématurés avaient peu de chances de survie, surtout si leurs
poumons n'étaient pas complètement développés et qu'ils
souffraient de ce qu'on nomme la « maladie des membranes hyalines » (RDS, *Respiratory Distress Syndrome*) –
l'oxygénation est compliquée du fait que de nombreuses
alvéoles ne sont pas ouvertes. C'est de cette maladie
d'ailleurs que souffrait l'un des enfants du président John
F. Kennedy, et il n'a pas survécu malgré l'intervention des
plus grands pédiatres américains. Depuis cette date, les
progrès ont été fabuleux. Grâce au traitement par surfactants et à la ventilation spontanée en pression positive
continue (CPAP, *Continuous Positive Airway Pressure*), plus
de 80 % des enfants pesant moins de 1 000 grammes à la
naissance survivent désormais, contre moins de 20 % dans
les années 1960.

Naître prématuré n'est pas une maladie en soi, mais
de nombreuses complications risquent de survenir compte
tenu du fait que le bébé n'est pas adapté à l'environnement
extra-utérin. La circulation du sang, par exemple, peut être
encore trop proche de la circulation sanguine fœtale, ce
qui implique que le vaisseau sanguin *ductus botalli* (le
canal artériel) reste ouvert. C'est ce vaisseau qui conduit le
sang des poumons jusqu'au placenta où l'oxygénation a
lieu. Cela ne convient plus chez le prématuré, dont la circulation sanguine doit s'adapter à une vie avec des poumons, mais sans placenta. Il faut donc fermer ce vaisseau
par un traitement médical (ibuprofène ou indométacine)
ou par intervention chirurgicale. Un prématuré est aussi
très sensible aux infections et peut facilement être atteint
de septicémie (infection bactérienne dans le sang) ou de
méningite. Le bébé n'a pas encore développé tous les
mécanismes de défenses contre les infections. C'est pour-

quoi un fœtus qui est contaminé par un virus comme le CMV (cytomégalovirus) peut devenir très malade avec des séquelles cérébrales et hépatiques, alors que sa mère remarque à peine qu'elle a été infectée (voir aussi Chapitre 3, page 44). En outre, le virus n'étant pas considéré comme une intrusion étrangère et nocive, il est intégré au génotype, ce qui a pour conséquence que l'enfant reste contagieux plusieurs années après sa naissance.

Aujourd'hui, les anomalies respiratoires, les problèmes liés à l'ouverture du canal artériel et les infections sont traités avec succès chez la majorité des prématurés, du moins dans les pays développés. D'où l'augmentation du taux de survie chez les grands prématurés. Désormais, le véritable défi des néonatologues est d'éviter que ces enfants soient atteints de lésions cérébrales.

Le flux sanguin dans le cerveau prématuré

Compte tenu du taux croissant de survie chez les prématurés, on a pu visualiser leurs cerveaux, d'abord grâce à la tomographie assistée par ordinateur, puis grâce à l'échographie, et on a découvert à cette occasion qu'un quart de ces enfants présentaient une hémorragie cérébrale. C'est notamment le radiologue suédois Olof Flodmark qui a fait cette découverte. De façon remarquable, dans la plupart des cas, ces hémorragies n'avaient pas été détectées avant la radiographie. Ces enfants n'avaient apparemment pas beaucoup de symptômes et un grand nombre d'entre eux a survécu sans infirmité motrice cérébrale. Dans le même temps, une pédiatre française, Jeanne Laroche, a découvert que certains enfants nés très prématurément présentaient au cerveau, principalement autour des cavités cérébrales, des taches blanches qu'elle a nommées « leucomalacies périventriculaires » (*leucos* signifie « blanc » en grec). La mort du tissu cérébral semblait due à un apport sanguin insuffisant.

Ces découvertes ont suscité des recherches intensives sur l'apparition de lésions cérébrales chez les grands prématurés. On a constaté que l'apport sanguin dans le cerveau de ces enfants est très instable. Chez les bébés nés à terme, comme chez les adultes, le flux sanguin cérébral est bien régulé. Si la pression sanguine augmente, les vaisseaux du cerveau se contractent et, si la pression diminue, ils se dilatent. Avant la perte de connaissance, la pression sanguine doit augmenter fortement pour qu'une hémorragie cérébrale se produise, ou bien beaucoup diminuer. Chez les grands prématurés, cette autorégulation du flux sanguin ne fonctionne pas bien. Ainsi, si un bébé subit un stress trop important, la pression sanguine peut augmenter et une hémorragie cérébrale se produire. Elle peut aussi chuter, si on ne la surveille pas de près, et certaines parties du cerveau devenir blanches.

Ce genre d'hémorragies se produit le plus souvent dans les cavités cérébrales, qu'on nomme ventricules latéraux, lesquelles comportent des capillaires. Les petites hémorragies sont assez fréquentes, mais elles occasionnent rarement des lésions. En revanche, la situation est beaucoup plus grave si c'est tout le ventricule (la cavité) qui s'emplit de sang et, surtout, si le sang se répand dans le tissu cérébral. On risque alors une hydrocéphalie et une infirmité motrice cérébrale.

Les lésions blanches, ou leucomalacies, apparaissent dans les parties du cerveau où l'insuffisance de l'apport sanguin est la plus grave. Il se trouve que c'est exactement là que passent les nerfs des jambes. La complication la plus commune est donc la diplégie spastique, lésion cérébrale qui, en premier lieu, touche les jambes et, par

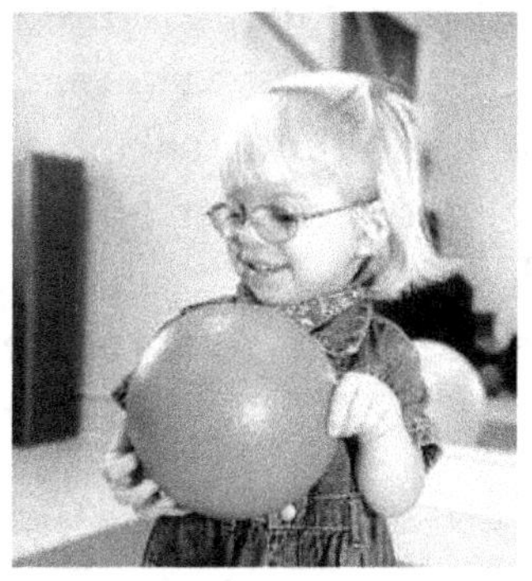 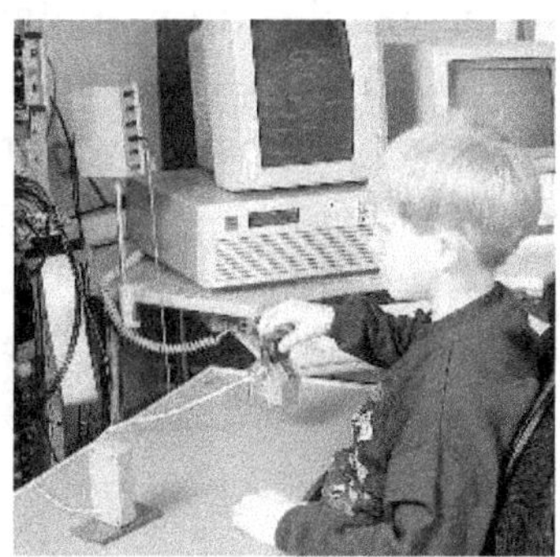

Une des lésions les plus communes qui accompagne l'infirmité motrice cérébrale est l'hémiplégie. Sur la photo de gauche nous pouvons voir que cette petite fille ne peut pas bien tenir le ballon avec l'un des bras. Un enfant normal, comme sur la photo de droite, peut adapter la faculté de saisir un objet à son poids, ce qui n'est pas possible pour un enfant atteint de l'infirmité motrice cérébrale. (Photos : Ann-Christine Eliasson.)

conséquent, la marche, qui devient rigide ou spastique. Cette maladie est difficile à repérer à l'échographie. Petit à petit, on entrevoit de petites cavités dans le cerveau qui se transforment en cavités plus grandes ou en kystes. Cela est dû au fait que la cicatrisation du cerveau et d'autres tissus chez l'enfant prématuré n'entraîne pas la formation de tissu cicatriciel, mais seulement l'apparition d'une cavité.

L'un des grands défis de la néonatologie est de tenter de réguler la pression sanguine pour empêcher l'apparition de ces lésions. On essaie ainsi d'éviter que l'enfant soit exposé au stress. Si la pression sanguine est trop basse, on administre de la dopamine ou des substances équivalentes, qui augmentent la pression sanguine.

Ajoutons qu'une leucomalacie peut aussi être provoquée par des cytokines qui sont des substances inflammatoires dont la formation est activée par la présence d'une infection. Il semble qu'une infection vaginale chez la mère puisse déclencher non seulement une naissance prématurée, mais aussi des lésions cérébrales. Les bactéries dont la mère est porteuse peuvent en effet stimuler l'apparition chez le fœtus de cytokines qui endommagent le cerveau. C'est l'une des raisons pour lesquelles on commence à administrer des antibiotiques aux mamans en cas de risque de naissance prématurée.

Quelle plasticité !

Le cerveau prématuré est caractérisé par une bonne plasticité. Même s'il est victime d'une hémorragie cérébrale ou d'une leucomalacie touchant des centres vitaux dans le cerveau, le bébé peut tout de même se développer plus ou moins normalement, car d'autres parties de son cerveau vont prendre le relais. L'hémorragie cérébrale qui frappe les nouveau-nés n'entraîne pas forcément de paralysie ou d'aphasie comme chez l'adulte. Plus le cerveau est immature, plus son élasticité est grande, ce qui explique que des enfants parvenus à terme, mais subissant un manque d'oxygène important pendant l'accouchement, soient souvent plus gravement atteints que les prématurés, lesquels peuvent plus facilement mobiliser leur grande réserve de neurones.

Quand le cerveau est très prématuré

Naître beaucoup trop tôt et survivre grâce à une technologie médicale avancée implique donc des risques comme l'apparition de lésions cérébrales, mais peut aussi influer sur la programmation génétique et le développement de l'organisation du cerveau, ce qui, à son tour, peut provoquer des séquelles neuropsychologiques dans l'enfance, comme une infirmité motrice cérébrale ou des troubles de l'attention, mais également à l'âge adulte. Les recherches sur le cerveau très prématuré pourraient ainsi se révéler décisives pour comprendre les mécanismes déclencheurs de maladies comme la schizophrénie.

Qu'une naissance prématurée ait en soi un effet sur la programmation génétique n'a pas encore été avéré. Vraisemblablement, le stress à la naissance et dans le service de néonatologie, auquel s'ajoute l'augmentation de la pression de l'oxygène, basse dans l'utérus et relativement élevée dans l'atmosphère, doit activer certains gènes. Grâce à la technique du microarray, microtechnique permettant d'analyser des milliers de gènes, on a pu démontrer sur la souris que le manque d'oxygène en cas de naissance prématurée était susceptible de provoquer une dépression sur les gènes impliqués dans la transmission des neurones, tandis que les gènes formant les vaisseaux sanguins subissaient, eux, une surpression. Ce dernier cas de figure pourrait présenter un certain intérêt pour comprendre les mécanismes d'apparition de la rétinopathie des prématurés – cause la plus fréquente de la diminution de la vision chez ces bébés.

Les bébés prématurés ont des faisceaux de nerfs moins bien organisés, par exemple dans la capsule interne, qui contient notamment les nerfs moteurs des bras et des jambes. Ce phénomène persiste jusqu'à l'âge de 10 ans environ. Une hémorragie cérébrale, qui augmente le taux de fer libre et d'autres radicaux libres, pourrait être responsable de l'inhibition de la myéline.

La croissance cérébrale

Ce qui caractérise le cerveau humain, c'est son grand cortex. À partir du 6e mois de grossesse environ, le cortex commence à grossir à un point tel qu'il est obligé de se plisser, ce qui explique la formation des circonvolutions et de sillons. En revanche, le cerveau du grand prématuré est totalement lisse à la naissance et continue de présenter moins de circonvolutions à l'âge de 40 semaines, terme auquel il aurait dû naître, que celui de l'enfant né à terme. La croissance du cerveau est particulièrement réduite si le grand prématuré a reçu des doses élevées de corticoïdes destinées à soigner une maladie pulmonaire chronique. Une diminution significative de la substance grise corrélée à un développement neuropsychologique défectueux a aussi pu être mise en évidence.

S'approcher des conditions utérines

Quand ont été mis en place des soins intensifs pour prématurés dans les années 1960, c'étaient la respiration et l'activité cardiaque qui faisaient l'objet des plus grandes attentions. Pour le reste, les bébés étaient couchés tous nus, sur le dos, dans des couveuses de plus en plus sophistiquées. On est même allé jusqu'à attacher les bras et les jambes de ces bébés. Une artiste danoise du nom de Dieter Trea Mörck a d'ailleurs écrit un livre sur son enfant prématuré, mis en couveuse et soigné à l'hôpital national de Copenhague. Elle surnommait les enfants nés prématurément les « enfants de l'hiver ».

La psychologue allemande Heidelise Als, arrivée à Boston dans les années 1960, a été révoltée par la routine des soins administrés. Elle a étudié attentivement le comportement des prématurés et a établi qu'ils étaient perturbés par les radiographies et les prises de sang. Pour elle, on devait observer sans discontinuer les réactions d'un prématuré soumis à des examens. Le fait d'être en couveuse dans un service de soins éclairé au néon ne pouvait être naturel pour un bébé qui aurait dû se trouver encore dans l'utérus maternel. Pour cette raison, Heidelise Als a proposé d'humaniser les soins et de reproduire le plus possible les conditions de vie intra-utérine en plaçant une couverture sur la couveuse et en installant l'enfant en position fœtale, afin qu'il se sente davantage enveloppé, comme dans un petit nid. Surtout, elle a milité pour qu'on observe les réactions et les mouvements du prématuré, ainsi que les modifications de la couleur de sa peau ou les changements de l'état d'éveil et de sommeil. Est-ce que l'enfant respirait calmement ou est-ce que sa respiration était irrégulière et inquiète ? Tous ces signes du bien-être de l'enfant devaient faire l'objet d'une notation par des infirmières spécialisées selon un modèle spécifique.

Ce nouveau type de soins, baptisé Nidcap (*Newborn individualized care and assessment program*), était donc un programme individualisé de soins et d'évaluation du nouveau-né, fondé sur le respect des compétences du prématuré. Les conférences d'Als sur la personnalité du prématuré ont trouvé un écho grandissant, surtout chez les infirmières. Restait une difficulté : prouver scientifiquement que ce mode de soins était beaucoup plus efficace que les soins conventionnels. Als a publié une série d'articles comportant des résultats positifs époustouflants. Ainsi les enfants qui avaient été soignés selon les principes du Nidcap non seulement souffraient moins d'hémorragie cérébrale ou de maladie pulmonaire chronique, mais pouvaient sortir plus tôt de l'hôpital et se développaient mieux

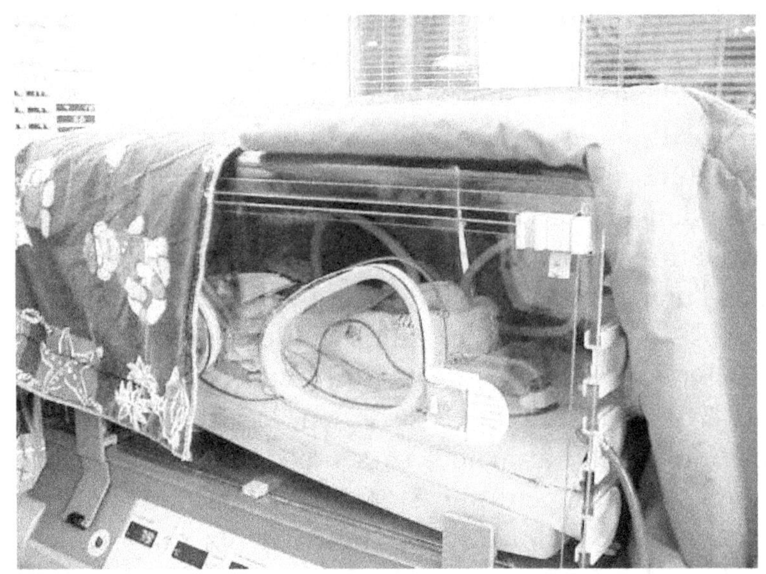

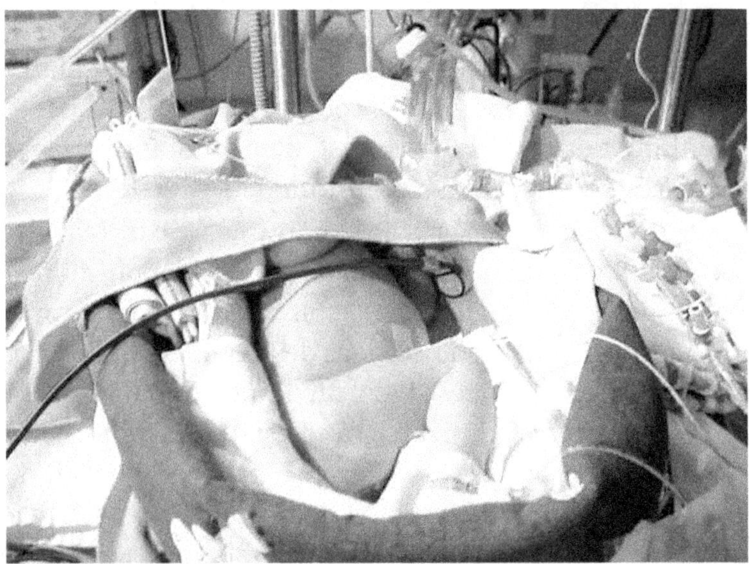

Un enfant prématuré est aujourd'hui soigné, habillé et enveloppé dans un petit nid. Une couverture est placée sur la couveuse pour diminuer les perturbations liées au bruit et à la lumière. L'idée est que le cerveau prématuré ne doit pas être surstimulé. (Photos : Ann-Sofie Gustafsson.)

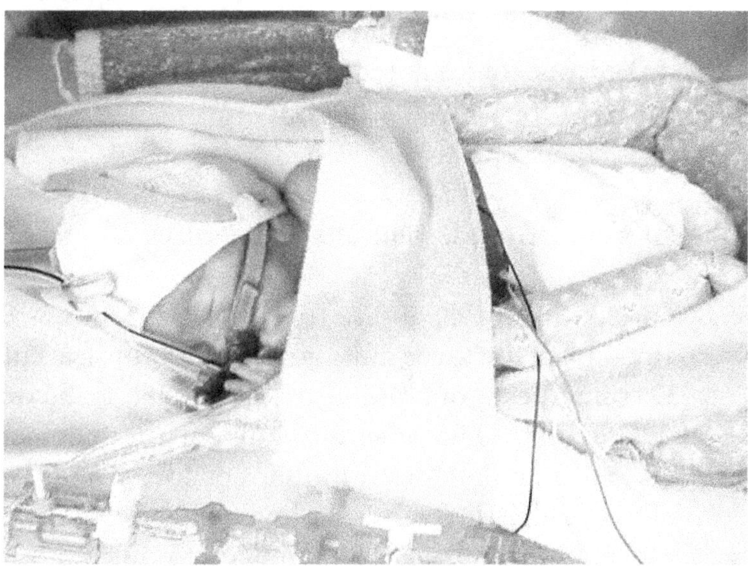

Un enfant prématuré est, de nos jours, bien enveloppé dans un petit nid à l'intérieur de la couveuse, le Nidcap. (Photos : Ann-Sofie Gustafsson.)

à tout point de vue. Les résultats étaient-ils trop bons pour être vrais ? Toujours est-il que ces nouvelles modalités de soins ont divisé le monde de la néonatologie avec, d'un côté, les pour et, de l'autre, les contre. Le débat s'est enflammé au point que certains néonatologues américains sont allés jusqu'à déclarer lors d'une conférence que ce type de soins n'était d'aucune utilité.

D'autres travaux de recherche effectués par la suite, notamment en Suède, ont cependant confirmé que le Nidcap a des effets significativement positifs. Une autre étude, menée par Als et son équipe, a récemment démontré, grâce à l'aide de l'imagerie par résonance magnétique nucléaire (IRM), que les voies neuronales du cerveau se développent un peu mieux chez les bébés soignés de cette manière. Récemment encore, les résultats d'une nouvelle étude d'envergure menée au Canada sont venus prouver de façon convaincante que le Nidcap est plus efficace que le système de soins conventionnels.

Comment s'en sortent les enfants prématurés ?

Les prématurés, c'est-à-dire les bébés qui sont nés 8 à 12 semaines trop tôt (avec une grossesse comprise entre 28 et 32 semaines), ont aujourd'hui un pronostic très favorable. Plus de 90-95 % se développent normalement, contre 98 % des enfants nés à terme. Les très grands prématurés, c'est-à-dire les bébés nés avec plus de 12 semaines d'avance, ou avant la 28ᵉ semaine, et pesant moins de 1 000 grammes, ont plus de risques d'être atteints par différents types de handicap fonctionnel. Selon une étude nationale menée en Suède, 59 % des enfants nés entre 1990 et 1992, avec un poids inférieur à 1 000 grammes, ont survécu. Sur ce nombre, 7 % étaient atteints d'infirmité motrice cérébrale et 4 % avaient de graves problèmes de vue quand on les a examinés à l'âge de 3 ans. Les risques étaient un peu moins élevés pour les enfants nés dans les grands hôpitaux universitaires.

Il se trouve que, depuis la fin des années 1980, le service de soins destiné aux femmes enceintes risquant d'accoucher prématurément est concentré au nord de la Suède, dans les régions d'Umeå et Uppsala : presque tous les grands prématurés sont désormais pris en charge en néonatologie dans des conditions optimales. Le résultat est saisissant et démontre un taux de survie d'environ 90 % chez les nouveau-nés de moins de 1 000 grammes. Comparé à l'étude nationale, un moins grand nombre d'enfants avec un poids de naissance équivalent sont atteints d'handicaps. Grâce à cette politique active de soins, plus de grands prématurés survivent donc, même si c'est avec des handicaps fonctionnels.

L'infirmité motrice cérébrale est l'une des complications habituelles en cas de naissance prématurée. Elle est due au fait que les voies neuronales, qui vont du cortex cérébral aux membres, ont été endommagées, par exemple par une leucomalacie (voir Chapitre 7, page 101). Ce sont surtout les nerfs des jambes qui sont atteints et un grand nombre de prématurés présentent pour cette raison une diplégie spastique et auront donc des difficultés pour marcher. En effet, ils tendent trop les jambes : leur marche est qualifiée de « spastique ». Parfois ce sont le bras et la jambe d'un même côté qui sont touchés et paralysés (hémiplégie). La cause peut en être une hémorragie dans l'une des cavités cérébrales. La paralysie totale des bras et des jambes (tétraplégie) est moins fréquente chez les prématurés que chez les bébés nés à terme mais victimes d'un manque d'oxygène très grave à la naissance. Cela dit, les fonctions intellectuelles du cerveau peuvent néanmoins se développer plus ou moins normalement chez les enfants souffrant d'infirmité motrice cérébrale. Le cortex cérébral étant très immature chez le prématuré, il semble moins sensible au manque d'oxygène qu'un cerveau mature.

Les grands prématurés peuvent également souffrir d'une diminution des capacités visuelle et auditive, ainsi que d'une rétinopathie (la rétine est recouverte de tissu conjonctif). Cela vient du fait que le développement des vaisseaux sanguins capillaires a été mal programmé pour l'environnement relativement chargé en oxygène qu'est le milieu extra-utérin.

Les prématurés rencontrent un peu plus de difficultés à l'école et ont un peu plus de mal à poursuivre leurs études universitaires. Si leur développement linguistique semble plutôt normal, ils ont une perception spatiale plus limitée. Il est intéressant de savoir que ces enfants à l'adolescence souffrent moins de troubles de nature sociale comme l'alcoolisme ou la toxicomanie, alors qu'on a longtemps pensé qu'ils poseraient plus de problèmes d'adaptation. S'ils souffrent de troubles de l'attention, leurs difficultés relèvent surtout d'un manque de concentration, et ils ne se bagarrent pas beaucoup à l'école. Si l'on demande à ces enfants, une fois passée la puberté, s'ils sont contents de leur vie, la plupart répondent oui, même s'ils souffrent, par exemple, d'une très mauvaise vision.

De surcroît, il ne faut pas oublier que ces résultats concernent des enfants qui ont été soignés dans des services de néonatologie il y a une vingtaine d'années. Il s'est passé beaucoup de choses depuis, notamment l'introduction d'un nouveau mode de soins, où l'on tente de reproduire les conditions de l'environnement utérin et de moins perturber le rythme du sommeil du bébé. L'objectif est de ne pas stimuler la formation de voies neuronales inutiles, ce qui aurait tendance à provoquer des difficultés de concentration. On peut espérer que cette nouvelle routine de soins en néonatologie permettra un meilleur pronostic chez les grands prématurés. On peut aussi imaginer qu'il soit possible, à l'aide de médicaments spécifiques, de protéger le cerveau né prématurément et d'améliorer sa plasticité quand il a été endommagé, par exemple lors d'une hémorragie cérébrale. À l'avenir, il sera peut-être possible de soigner les lésions cérébrales néonatales à l'aide de cellules souches nerveuses. Les expériences réalisées en ce sens ont donné des résultats prometteurs et, en théorie, cela devrait être plus facile à réaliser que sur l'adulte. Actuellement, la question est de savoir comment ces « nouvelles » cellules nerveuses se connecteront pour former des réseaux fonctionnels.

Quoi qu'il en soit, aider les grands prématurés à vivre est au moins aussi « profitable » que de placer des adultes en soins intensifs. Imaginez qu'Isaac Newton, qui est né très prématuré, n'ait pas été sauvé par la sage-femme qui s'est assuré qu'il reçoive bien soins et chaleur. À la naissance, il pesait seulement trois livres (1 275 grammes) et il était si petit qu'il pouvait, dit-on, tenir dans un grand verre. Certains ont bien dû penser que cela ne valait pas la peine qu'on s'occupe de lui.

CHAPITRE 8

Un brouillard qui se lève

La vue

À la différence de ce que pensaient les psychologues du début du XXe siècle, un nouveau-né ne perçoit pas son entourage uniquement dans le flou et le lointain. Pourtant, il est myope. Son champ de vision est comme un tunnel et son acuité visuelle équivaut au quarantième de celle de l'adulte. Cependant, si la mère tient son enfant dans ses bras, celui-ci distingue ses expressions. Les mouvements se voient plus facilement que les objets immobiles. La vision du bébé s'améliore rapidement et, à l'âge de 8 mois, elle est pratiquement au niveau de celle d'un adulte.

Pour que la vue se développe correctement, il faut qu'elle puisse être entraînée dès la naissance. Le programme génétique assure la formation de la rétine, ainsi que la connexion des nerfs optiques au centre visuel dans le lobe occipital, où les impressions visuelles sont traitées. Toutefois, pour que la vue se développe correctement, la rétine et les nerfs optiques doivent être stimulés ; sinon, ils s'atrophient. On revient à l'adage *Use it or lose it !* : ça sert ou ça disparaît...

La démonstration en a été faite par le Canadien David Hubel et le Suédois Torsten Wiesel à Boston dans les années 1960. Ces deux chercheurs ont découvert que des chatons dont on suturait l'une des paupières devenaient aveugles de cet œil. Les voies neuronales allant de l'œil au cortex visuel s'atrophiaient. En revanche, les voies neuronales de l'œil resté ouvert se développaient davantage. Être empêché de voir pendant une semaine suffisait pour qu'un chaton perde la vue. Ces chercheurs ont également voulu pratiquer des déviations neuronales à partir du cortex visuel et se sont aperçus, à cette occasion, que ce n'était possible qu'avec l'œil qui pouvait voir. Enfin, autre preuve allant dans le même sens : la diminution des raies noires sur l'image qu'on peut visualiser dans le cortex visuel. C'est, en effet, au niveau du cortex visuel, situé dans la nuque, que les impressions visuelles sont traitées. En injectant un acide aminé radioactif dans le nerf optique, on fait apparaître les « nerfs voyants », lesquels composent une sorte de motif à rayures noires. Ces lamelles noires représentent justement les nerfs qui, dans le cortex visuel, réagissent aux impressions visuelles dans l'un ou l'autre œil. Quand un œil ne reçoit pas d'impressions visuelles, cette image s'efface (voir figure ci-après). Ces observations, d'abord faites sur l'animal, sont également valables pour l'homme. Les enfants qui naissent avec une diminution de la vue en raison d'une cataracte congénitale risquent de devenir aveugles s'ils ne sont pas opérés au plus vite après la naissance. C'est pourquoi il est primordial de détecter cette malformation chez tout nouveau-né.

Les enfants qui louchent fortement doivent aussi être traités. Autrefois, on couvrait l'œil sain (!) pour que l'œil qui louche puisse être le seul utilisé et ne s'atrophie pas. Aujourd'hui on traite ce problème à l'aide de lunettes adaptées.

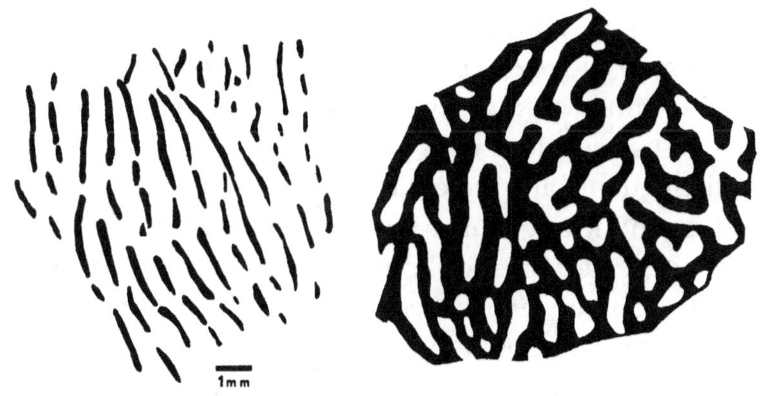

Image de gauche : résultat de la non-stimulation de la vue chez un chaton. La vue diminue, ce qui a été démontré par Hubel et Wiesel, en marquant les neurones visuels actifs dans le cortex visuel. Le manque de stimulation visuelle a pour résultat que les lamelles noires typiques ne se distinguent pas normalement. L'image de droite montre l'état normal.

Hubel et Wiesel ont également démontré comment les neurones de la rétine s'activaient. Ces neurones réagissent surtout aux mouvements, mais sont aussi sensibles aux images. Ainsi des chatons qui sont placés dans une pièce comportant seulement des lignes verticales ne pourront, plus tard, percevoir les lignes horizontales. De la même façon, des enfants indiens qui ont grandi dans des tentes de forme triangulaire distinguent plus facilement les lignes diagonales.

Évaluer la vue chez un nourrisson

Il n'est pas facile d'évaluer la vue du nourrisson. Il a fallu attendre les années 1960 pour qu'on détermine ce que voit un nourrisson, et comment. Dans ces années-là, un psychologue américain développe la technique de la « vue préférentielle » (*Preferential Looking*), dont le but est de déterminer ce que les nourrissons préfèrent regarder. Par-dessus tout, les bébés aiment les rayures. En effet, ils en distinguent bien les contours, surtout si elles bougent. C'est en montrant à un bébé une image où les rayures se confondent de plus en plus qu'on mesure son acuité visuelle. Quand le bébé cesse de regarder, c'est que les rayures sont très près les unes des autres et ne peuvent plus être distinguées. Le psychologue qui observe l'enfant a donc simplement à mesurer le temps que l'enfant passe à fixer une image. C'est aussi de cette manière qu'on a découvert que les bébés préféraient regarder des visages humains que des dessins non figuratifs. On a fait d'autres expériences où l'on a montré plusieurs couleurs à des nourrissons pour voir s'ils fixaient le regard plus long-temps lorsque telle ou telle nouvelle couleur apparaissait. Il est ainsi apparu qu'un bébé de 2 mois semble pouvoir distinguer l'orange, le rouge, le bleu et le vert, mais avoir du mal à différencier le jaune et le vert.

Essentielle pour notre vision est notre capacité à voir le monde qui nous entoure en trois dimensions, c'est-à-dire en incluant la profondeur et la distance. Cette capa-cité apparaît vers l'âge de 8 mois, et elle est très sensible à l'entraînement. En effet, un grand nombre de nerfs opti-ques partent de la rétine pour aboutir au cortex visuel. Une partie de ces voies neuronales seront utilisées par le bébé lorsqu'il commencera à pratiquer la vision en perspective, tandis que le reste disparaîtra. Cette capacité n'est donc pas réglée uniquement par les gènes, mais elle s'ajuste progressivement. C'est un bon exemple d'association entre environnement et génétique pour le développement d'une fonction vitale.

Les enfants en bas âge ont des difficultés pour jauger l'échelle d'un objet. Ainsi, quand on place des enfants de 2 ans dans une pièce avec un toboggan, une petite voiture et une chaise de taille normale, puis qu'on les fait jouer avec ces mêmes objets, identiques mais de taille très réduite, on les voit tout de même essayer de glisser sur le toboggan et de s'asseoir dans la voiture ou sur la chaise, alors qu'il s'agit d'accessoires de poupée.

L'ouïe

Le fœtus a entendu la voix de sa mère, mais elle était modifiée par le liquide amniotique. À la naissance, il reste un peu de liquide dans le conduit auditif et le bébé entend comme s'il était sous l'eau. Néanmoins, l'ouïe est plus développée que la vue chez le nouveau-né. Si l'on tient un ballon rouge d'un côté et qu'on agite une clochette de l'autre côté, l'enfant se tourne d'abord vers la source de bruit.

De la même façon que pour la vue, il existe une période critique pour l'ouïe. Les bébés sourds qui portent des implants cochléaires – ce sont de petits microphones qui dirigent les signaux auditifs directement vers la cochlée de l'oreille interne – sont capables d'apprendre à comprendre la parole presque normalement. La pose de ces implants doit néanmoins se faire avant l'âge de 3 ans, car, autrement, on rate la période critique et il devient de plus en plus difficile de percevoir la parole.

Maintenant, comment se rendre compte qu'un bébé n'entend pas ? On peut, par exemple, entreprendre d'attirer l'attention du bébé par différents stimuli auditifs et visuels présentés successivement et montrer qu'il ne répond pas aux seuls stimuli auditifs. Le test s'effectue normalement vers l'âge de 8 mois. La détection d'une lésion auditive à cet âge est pourtant déjà un peu tardive. De nos jours, il existe un autre test qui peut être utilisé sur le nouveau-né, à partir des oto-émissions acoustiques (OEA). Ce test consiste à envoyer un signal sonore dans le conduit auditif de l'enfant. Le son stimule les cellules ciliées dans la cochlée, qui provoque un écho. Si l'on ne reçoit pas de signal de réponse, on peut suspecter que l'enfant est sourd, même si l'on doit effectuer plusieurs contrôles avant d'en avoir la certitude.

L'odorat et le goût

L'odorat se développe tôt. Un bébé apprend vite à reconnaître l'odeur de sa mère. Si l'on mouille un coton avec du lait maternel, il le renifle avec plus d'intérêt qu'un coton mouillé avec le lait d'une autre femme. L'odeur du lait a peut-être son importance pour que l'enfant commence à téter. Dans une étude intéressante, récemment réalisée en Estonie, on a demandé à des mamans accouchées depuis peu de se laver un sein et on a posé leur bébé en dessous de leur poitrine. Le nouveau-né, vraisemblablement guidé par l'odeur, s'est presque toujours tourné vers le sein qui n'avait pas été lavé.

Peut-on savoir ce qui se passe dans le cerveau d'un bébé quand il sent une odeur ? Pour réaliser cette étude, on a utilisé une méthode appelée « spectroscopie proche de l'infrarouge ». On envoie un faisceau de lumière rouge sur le crâne du bébé qui est transparent. Le faisceau est réfléchi par les globules rouges des capilaires cérébraux sous-jacents. La lumière réfléchie, mesurée à l'aide d'un ordinateur, varie avec la vitesse du flux sanguin qui est elle-même fonction de l'activité nerveuse. Il est donc possible d'évaluer de manière non invasive l'activité nerveuse d'un territoire du cerveau chez le nouveau-né.

Le pédiatre italien Marco Bartocci, un de mes collègues à l'hôpital pour enfants Astrid Lindgren, a ainsi fait sentir à des nouveau-nés des tissus imprégnés de liquide amniotique, de colostrum (premier lait maternel) et de quelques autres odeurs ordinaires. Le flux sanguin a été mesuré juste derrière les cavités oculaires, aussi près du centre olfactif que possible. On a pu constater que le bébé ne réagissait pratiquement pas au liquide amniotique. Par contre, le flux sanguin augmentait avec le colostrum. La vanille, qui est une odeur ordinaire, a provoqué une réaction encore plus forte : les bébés ont paru vraiment l'apprécier. Ensuite, on a examiné la réaction des nouveau-nés à une substance malodorante, présente à l'hôpital – on a fait le choix d'une substance proche de l'acétone. Et on s'est aperçu que, lorsque le nouveau-né était exposé à cette odeur, le flux sanguin au niveau du lobe olfactif diminuait. Étrangement, on a aussi observé une différence entre le côté gauche et le côté droit. Les garçons semblaient également plus sensibles que les filles.

Le goût est également bien développé chez le nouveau-né. On se souvient que Charles Darwin a décrit les grimaces du nourrisson qui goûte quelque chose d'amer. Les bébés n'aiment pas non plus ce qui est acide ou salé. Ils aiment ce qui est sucré, paraît-il... Le goût a, d'une certaine manière, été injustement traité par les chercheurs en médecine : on le laisse volontiers aux gourmets et aux chefs de cuisine. Pourtant, il est sans aucun doute impor-

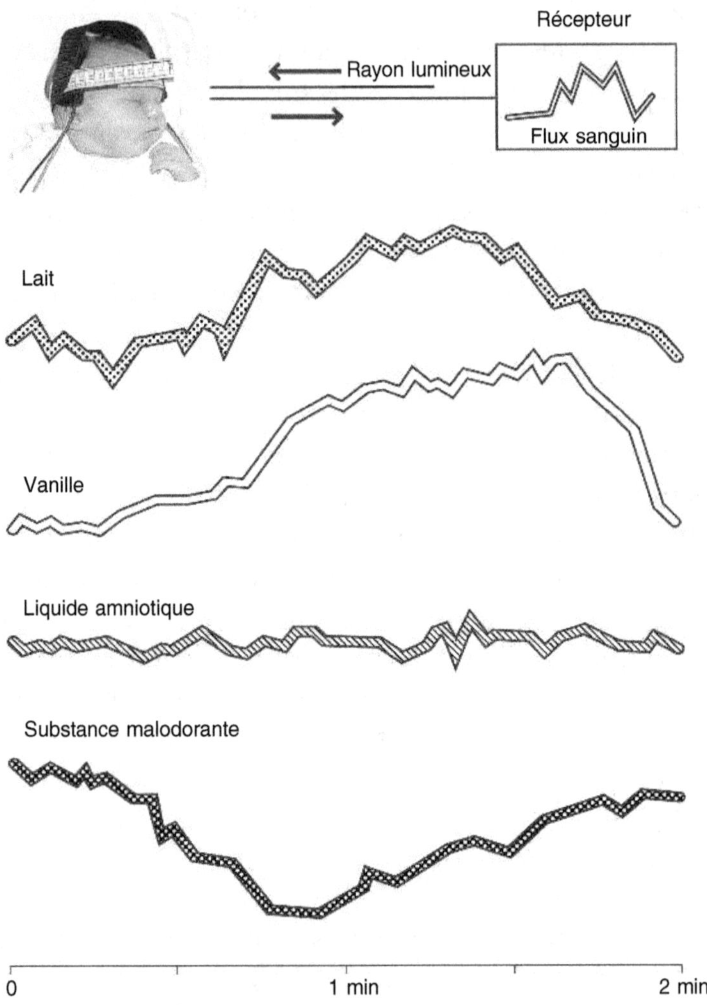

À l'aide d'un spectroscope sensible aux radiations proches de l'infrarouge (NIRS), on peut examiner la manière dont des nourrissons traitent les impressions olfactives qui parviennent dans leur cerveau. Les globules rouges réfléchissent la lumière proche de l'infrarouge, ce qui permet de mesurer le flux sanguin. Les courbes montrent l'évolution du flux sanguin dans le lobe olfactif lorsque l'enfant sent différentes odeurs : la vanille, le colostrum, le liquide amniotique et une substance malodorante (qui ressemble à de l'acétone). Le pédiatre Marco Bartocci a réalisé cette étude à l'hôpital Astrid Lindgren.

tant pour la survie. Il nous aide, en effet, à décider de ce qui est nuisible pour nous, même si une erreur reste toujours possible. L'arrière de la langue des bébés est porteur de nombreux bourgeons du goût. C'est pourquoi quelques gouttes d'eau à l'arrière de la gorge peuvent déclencher une apnée, contrairement à ce qu'on observe avec le sel de cuisine ou la salive. Ce réflexe d'apnée s'observe aussi chez les bébés nageurs. Il faut probablement y voir un réflexe de protection, pour éviter d'avaler des substances nocives. L'épiglotte se ferme, la respiration cesse et parfois le pouls chute. Ce phénomène fait aussi l'objet de discussions en tant que cause possible de mort subite chez le nourrisson.

CHAPITRE 9

La mémoire du nouveau-né

Les mécanismes impliqués

Si l'on montre une boîte de Cola rouge à un nouveau-né, il écarquille les yeux et regarde avec intérêt. Si l'on enlève la boîte et qu'on la lui montre une nouvelle fois, on obtient la même réaction. Cet enchaînement peut se répéter jusqu'à quatre fois, mais, après la dixième fois environ, la réaction diminue avant de cesser complètement. On nomme ce phénomène « habituation ». C'est un comportement essentiel, car c'est lui qui fait que nous ne sursautons pas à tout ce qui se passe autour de nous. Ce comportement est vital, en particulier dans les grandes villes.

Grâce aux recherches du prix Nobel Eric Kandel, on sait désormais en détail comment fonctionne cette mémorisation toute simple. Certes, Kandel n'a pas étudié cette fonction chez les enfants, mais sur un escargot de mer. Cela dit, en principe, il s'agit de la même réaction de mémorisation, et cet escargot de mer, l'aplysiæ, a le même type de comportement. En effet, la première fois qu'on touche légèrement sa coquille, ses branchies se rétractent ; après plusieurs fois, en revanche, la réaction diminue. Si l'on reproduit le geste plusieurs fois par jour, l'habituation persiste pendant quelques semaines.

On sait qu'à chaque excitation, il y a libération de sérotonine. Si l'excitation se répète, les canaux ioniques vont se modifier de telle sorte qu'une moins grande quantité de médiateur chimique sera libérée. En revanche, on observe aussi que si l'aplysiæ est exposé à une stimulation plus menaçante, l'effet du médiateur chimique est renforcé (réaction qu'on appelle « sensibilisation »). Cinq stimulations de courte durée provoquent un renforcement de la réaction qui persiste pendant vingt-quatre heures, autrement dit une sorte de mémoire à long terme. Tandis que la mémoire à court terme ne modifie que le flux d'ions, les gènes, eux, sont mobilisés pour la mémoire à long terme. De « vieux souvenirs » peuvent ainsi se refléter dans les modifications des synapses.

Par exemple, un enfant prématuré qui a été souvent piqué semble, plus tard, se souvenir de ces piqûres désagréables : il a, en général, plus peur des vaccins et des aiguilles que les autres enfants. On le comprend quand on sait que les souvenirs déplaisants sont stockés dans l'amygdale cérébelleuse, dont la maturité est atteinte à un stade précoce. Les souvenirs d'odeurs semblent également se graver dans la mémoire à long terme. L'exemple le plus célèbre est celui du goût de la madeleine trempée dans l'infusion de tilleul, que Marcel Proust évoque dans *Du côté de chez Swann*.

La mémoire de travail

Quand on parle de mémoire, on parle en général de la faculté que nous avons de nous souvenir des événements passés. Cette mémoire épisodique semble appartenir en propre à l'être humain adulte. L'hippocampe – un centre nerveux situé au milieu du cerveau et qui doit son nom à sa ressemblance avec cet animal – est nécessaire pour se souvenir d'événements nouveaux. On connaît le cas de cet homme qui s'est fait enlever l'hippocampe des deux côtés afin de se débarrasser de son épilepsie. Après l'opération, il s'est avéré qu'il était désormais incapable de se rappeler le moindre événement récent. En revanche, il se souvenait de tous les mots qu'il avait appris et de tout ce qui s'était passé avant l'opération. Chez les bébés, l'hippocampe atteint sa maturité vers l'âge de 19 mois seulement, ce qui peut expliquer qu'ils ne se souviennent pas d'événements comme leur propre naissance.

C'est vers 8 ou 9 mois que l'enfant développe une mémoire de travail, c'est-à-dire cette mémoire qui est essentielle pour résoudre les problèmes quotidiens – depuis le calcul de tête jusqu'à la partie d'échecs. On considère que cette mémoire est fondamentale pour le développement cognitif. Son développement est attesté par l'expérience suivante. On montre à un bébé une tétine placée sur un plateau. Ensuite, on la couvre. Si l'enfant est âgé de plus de 17 mois, il va essayer d'atteindre la tétine, parce qu'elle est restée dans sa mémoire. Un enfant plus jeune, lui, pensera que la tétine a disparu pour de bon. Cela dit, n'amplifions pas l'écart : un bébé de 6 à 7 mois a une mémoire très courte et aura oublié l'emplacement de la tétine au bout de deux secondes. À l'âge de 1 an, il faudra plus de dix secondes pour qu'il l'oublie. À titre de comparaison, un petit singe qui reçoit une banane comme récompense peut dès l'âge de 2 mois se diriger dans la bonne direction pour trouver une banane cachée, car son cerveau devient mature plus tôt.

La mémoire à long terme

La mémoire à court terme dépend de modifications de tension dans les circuits nerveux. Les souvenirs qu'elle contient peuvent ainsi disparaître si l'on reçoit un coup sur la tête : on parlera alors d'amnésie rétrograde. La mémoire à long terme, en revanche, est stockée dans les synapses, et elle est moins sensible aux perturbations – une commotion cérébrale, par exemple.

La plupart des gens ne se rappellent pas leur enfance. Si l'on apprend une deuxième langue à l'âge de 3 ou 4 ans pendant un séjour à l'étranger, puis qu'on rentre dans son pays sans plus avoir l'occasion de pratiquer cette langue, il est certain que les connaissances acquises vont disparaître. En somme, si l'on ne se souvient pas de grand-chose de son enfance, c'est peut-être parce qu'un très grand nombre de synapses disparaissent à cette époque de notre vie. La mémoire, sous ces différentes formes, commence le plus souvent à l'adolescence. Ce que l'on raconte de sa très jeune enfance n'est souvent que la restitution du récit que nous en ont fait nos parents ou nos proches.

CHAPITRE 10

L'origine de la conscience

Le « bébé virtuel » pleure quand il a faim. On peut voir sa glycémie baisser et plusieurs noyaux cérébraux clignoter. On sait que chez un nouveau-né, la moitié du glucose se dirige vers le cerveau. Chez le bébé virtuel, c'est pareil : quand on lui donne un biberon de lait, son taux de glycémie remonte rapidement et il se calme... Jusqu'à ce que sa couche soit mouillée et qu'il recommence à pleurer. Il est alors temps de cliquer sur « changer la couche » ; de nouveau, les pleurs s'arrêtent. Si l'on ne donne pas de biberon, le bébé devient bleu et perd connaissance.

L'inventeur du bébé virtuel se nomme Rodney Cotterill ; c'est un gentleman anglais d'un certain âge, qui travaillait à l'École polytechnique de Copenhague. Lors d'une conférence il y a un an ou deux, un certain nombre de spécialistes – des philosophes, des psychologues, des physiciens et des neurobiologistes – se sont rassemblés autour de cet enfant virtuel pour discuter s'il avait une conscience ou non.

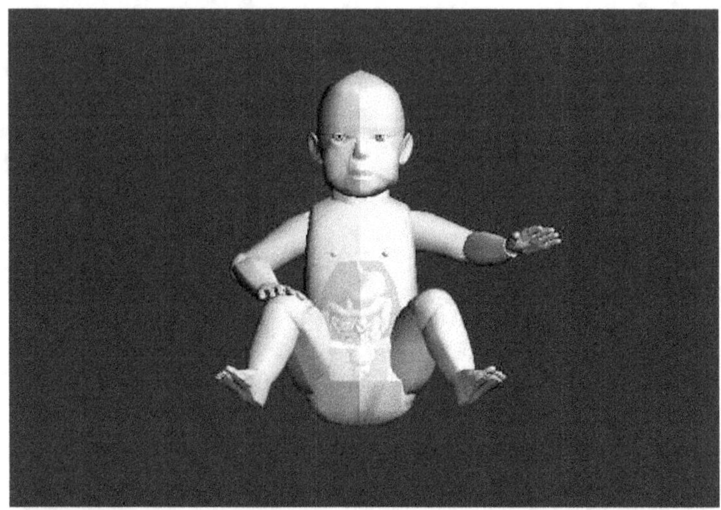

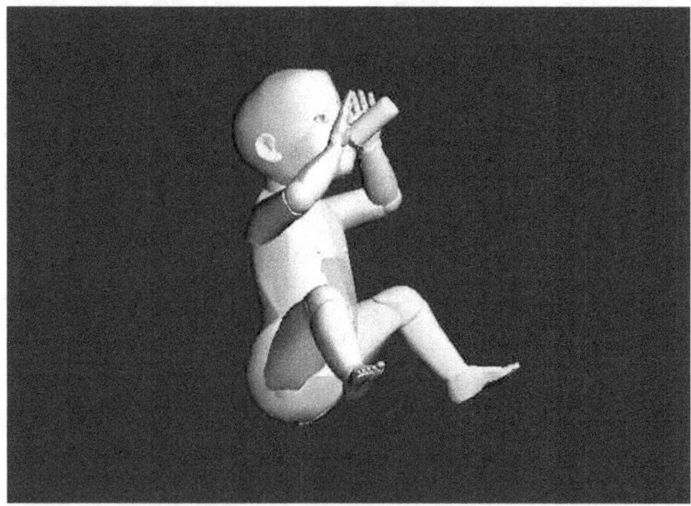

Le bébé virtuel. Des signaux lumineux représentant différents types de noyau cérébraux – l'hypothalamus, par exemple – s'allument sur l'écran d'ordinateur quand le bébé virtuel a faim et que sa glycémie baisse. (Images : Rodney Cotterill.)

Le bébé virtuel remplit plusieurs critères de cons-cience. Il réagit à des impressions sensorielles, il semble être éveillé et exprimer des émotions. Pourtant, il est diffi-cile de penser qu'il est conscient. Même s'il exprime la faim, le bébé virtuel n'a pas la sensation subjective de la faim. De même, simuler la sensation de la couche mouillée par ordinateur n'est pas difficile, mais comment un véritable enfant vit-il cette même sensation ? Comment un bébé devient-il conscient du lait et de la couche ? Com-ment se forment ses impressions subjectives ? Pourquoi certaines activités cérébrales sont-elles associées à des impressions subjectives ? Pourquoi les processus physi-ques du cerveau ne se font-ils pas dans un noir total, sans vie intérieure, comme c'est le cas avec le bébé virtuel ? Il s'agit d'une question que le philosophe David Chalmers a qualifiée de *hard problem*.

Qu'est-ce que la conscience ?

Définir ce qu'est la conscience n'est pas simple. La conscience comprend la capacité de sentir, de penser, de se souvenir et, surtout, le sentiment d'« être moi ». Le phi-losophe Henri Bergson (1859-1941) en a fait la capacité de pouvoir penser à ce qui a été et à ce qui sera. Une défini-tion plus simple est qu'on est conscient quand on n'est pas inconscient ou endormi sans rêver. Car même quand on rêve, on n'est pas totalement inconscient. On entre dans le conscient lorsqu'on se réveille après un sommeil sans rêves, et on est conscient jusqu'à ce qu'on s'endorme ou qu'on perde connaissance, qu'on tombe dans le coma ou qu'on meure selon le philosophe américain John Searle.

De même que le cœur peut être comparé à une pompe, on peut comparer la conscience à une scène de

Selon le psychologue américain Bernard Baars, la conscience serait comparable à une scène de théâtre. Si les impressions sensorielles sont traitées en parallèle dans différents territoires du cerveau, la conscience ne traite que d'une seule chose à la fois. Pour Jean-Pierre Changeux et Stanislas Dehaene, les activités liées aux impressions sensorielles, aux souvenirs et à l'attention seraient mises en commun

théâtre. Le projecteur illumine la partie de la scène où il se passe quelque chose. Le cortex cérébral et le thalamus (la station-relais du cerveau) déterminent où il y a de l'activité. Le projecteur s'oriente tout à coup sur une telle partie de la scène, pour ensuite changer rapidement et se focaliser sur telle autre partie. Le public remarque non seulement ce que le projecteur éclaire, mais il perçoit éga-

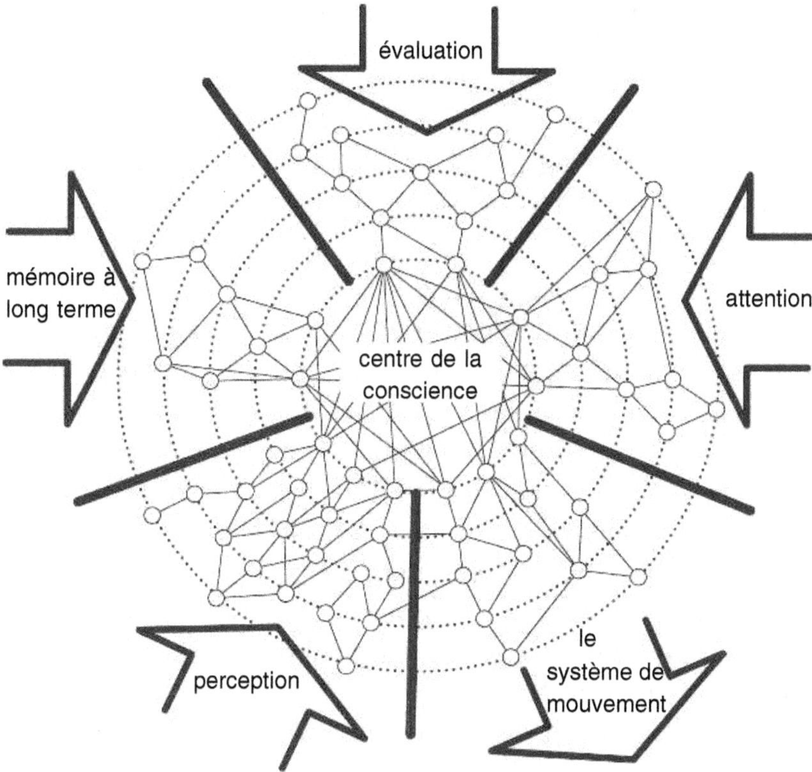

dans un même « espace de travail neuronal » au moyen d'un système de neurones à axones longs dont les somas sont présents dans les deuxième et troisième couches du cortex cérébral. Selon leur hypothèse, en regroupant l'activité de multiples processeurs dispersés dans l'ensemble du cerveau, ces neurones contribueraient à la formation d'une conscience unifiée.

lement des sons et des odeurs venant d'ailleurs. Derrière la scène se trouve une machinerie invisible (l'inconscient), où évoluent notamment le metteur en scène et les machinistes. Selon Jean-Pierre Changeux et Stanislas Dehaene, l'accès à la conscience se manifesterait par l'entrée dans un espace de travail global constitué de neurones avec des connexions à longue distance qui rassembleraient de multiples territoires dispersés dans le cerveau. À son niveau, une synthèse des impressions sensorielles, souvenirs et pensées se produirait et donnerait lieu à des prises de décision et des projets d'action.

À l'aide des nouvelles méthodes de visualisation du cerveau, comme la tomographie par émission de positrons (PET) et l'imagerie par résonance magnétique (IRM), on en sait un peu plus sur l'activité cérébrale au moment où l'être humain prend conscience de telle ou telle chose. Le lobe frontal du cerveau joue alors un rôle décisif, mais d'autres parties sont également mobilisées. Il est donc difficile de localiser précisément la conscience dans le cerveau. Certaines structures cérébrales, jugées essentielles pour la conscience, ont, à l'inverse, pu être éliminées sans entraîner de perte de conscience.

Passons à un autre point de vue sur la conscience. Selon John Searle, la conscience est subjective, mais c'est un processus cérébral biologique, de la même manière que la digestion est un processus impliquant l'estomac. Si l'on considère que nous avons peut-être jusqu'à dix milliards de cellules nerveuses dans le tube digestif, on peut se demander pourquoi nous n'avons pas de conscience dans le ventre – ou bien, alors, est-ce le cas ? Searle ajoute, pour faire bonne mesure, que la conscience est un peu plus qu'un processus digestif. Il précise que ce n'est pas un ordinateur. Un ordinateur peut certainement apprendre à faire du ski alpin et à travailler comme sommelier, mais peut-il s'élancer avec appréhension sur une piste de poudreuse ou humer avec plaisir le bouquet du beaujolais nouveau ? se demande Searle. Comment le cerveau et sa conscience décodent-ils les cryptogrammes des peintures de Titien ou de Rembrandt ? Comment se sent-on quand on a raté le dernier autobus ou oublié les 75 ans de sa belle-mère ? Est-il possible d'objectiver ces sentiments dans des processus cérébraux et de les résumer à un niveau de canaux ioniques ? Bien entendu, c'est possible, et pourtant non, c'est impossible : on ne peut pas toucher à la conscience par les méthodes habituelles du réductionnisme biologique.

Le cortex préfrontal, c'est-à-dire la partie avant du cortex cérébral, est essentiel pour la conscience humaine. C'est là que les décisions sont prises, que les problèmes sont résolus et que les tâches sont coordonnées. Cette partie du cerveau occupe une bien plus grande place chez l'être humain que chez le singe. Sa structure atteint sa pleine maturité à l'âge adulte, ce qui est peut-être à rapprocher du fait que les voies de la dopamine, qui sont importantes pour la transmission de signaux, ne parviennent pas à maturité avant.

La genèse de la conscience

Selon John Eccles, chercheur catholique de renom et prix Nobel spécialisé dans l'étude du cerveau, l'âme apparaît dans le cerveau du fœtus à l'âge de 3 semaines. Pour moi qui suis néonatologue, la vie humaine débuterait au moment où le nouveau-né, à terme ou prématuré, devient conscient. En effet, le fœtus ne peut être considéré comme conscient, même s'il réagit, en général, à différents types d'impressions sensorielles. Il dort presque tout le temps et ne semble pas avoir d'impressions sensorielles. Il réagit un peu comme le bébé virtuel, et l'activité dans le lobe frontal du cerveau, où on localise en grande partie la conscience, ne s'active pas. Si l'on pince un fœtus de mouton, il sursaute, mais il ne se réveillera pas et ne commencera pas à respirer ou à crier ; en revanche, aussitôt que l'agneau est né, il se réveille et donne l'impression de s'apercevoir de

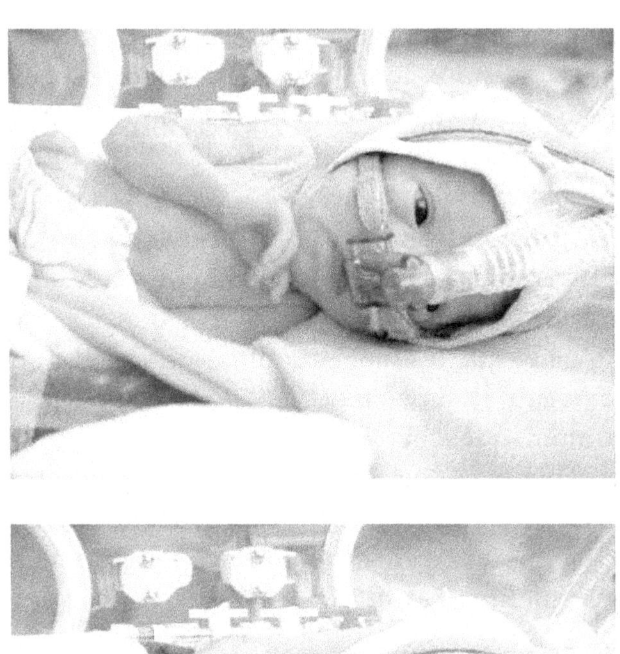

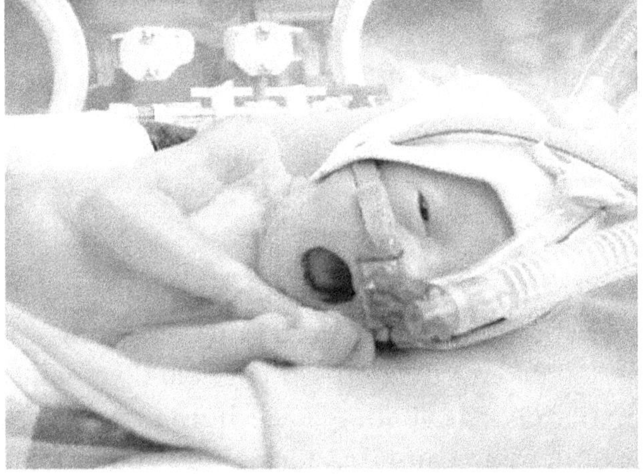

*Un prématuré né 11 semaines avant terme, à l'âge de 2 jours environ.
A-t-il un regard conscient quand il est éveillé ? Non ! La plupart du
temps, il dort. (Photos : Ann-Sofie Gustafsson.)*

son entourage. Il en va de même pour l'enfant humain. Le
nouveau-né ne peut pas s'exprimer, il n'a pas de pensées à
proprement parler ni de volonté propre. Il remplit seulement certains critères de conscience. Si l'enfant est très
prématuré, il en remplit encore moins. Un enfant né
avant 28 semaines, c'est-à-dire avec plus de 12 semaines

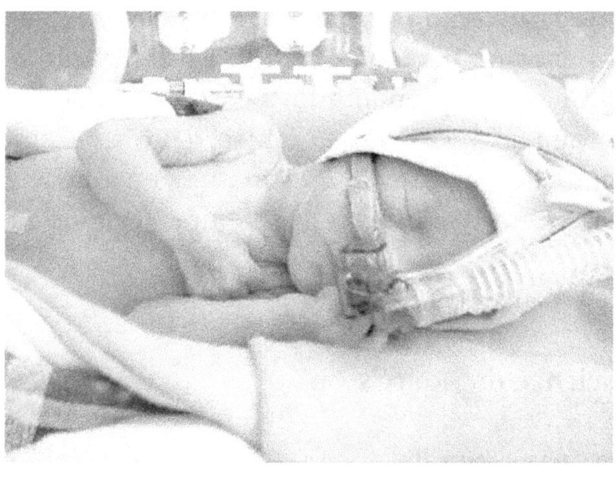

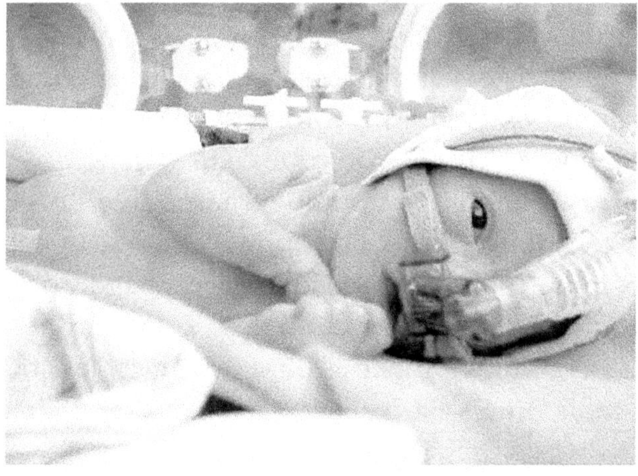

d'avance sur le terme, est même difficile à réveiller. C'est seulement à partir de 32 semaines qu'il peut rester éveillé, sans être stimulé, pendant des périodes relativement longues.

Pour savoir si l'individu avec qui on communique est vraiment conscient, le mieux est d'avoir un contact visuel. Dans mon service de néonatologie, des infirmières chevronnées estiment qu'elles peuvent instaurer un contact visuel avec un enfant prématuré de 12 à 14 semaines, mais pas avec un bébé né plus tôt. Un fœtus qui n'est pas conscient et qui ne répondrait pas à un contact visuel s'il naissait doit pouvoir faire l'objet d'un avortement. La limite actuelle se situe à 22 semaines en Suède. À mon avis, c'est raisonnable et comporte une certaine marge de sécurité.

La conscience du nourrisson

Lorsqu'un adulte perçoit consciemment quelque chose, des ondes EEG de 40 hertz, c'est-à-dire des oscillations de quarante cycles par seconde, apparaissent dans son cerveau. Des chercheurs anglais ont comparé un groupe de bébés de 6 mois à un autre groupe de bébés de 8 mois. On leur fait regarder une figure appelée « carré de Kanizsa » qui donne lieu à une remarquable illusion optique chez l'adulte. Dans la configuration de gauche, un carré en relief apparaît, ce qui s'accompagne d'ondes de 40 hertz, alors que dans la configuration de droite, rien ne se passe. Le phénomène s'observe chez les bébés de 8 mois, mais il ne s'est pas encore développé chez ceux de 6 mois.

Un autre critère de l'existence de la conscience est la faculté de représentation mentale. Un bébé de 2 mois peut non seulement sucer une tétine, mais aussi y penser. Si l'on cache une tétine derrière une couverture et qu'on la lui montre une ou deux fois avant de la faire disparaître, le bébé est étonné de constater qu'elle a disparu. Ce test montre que le bébé forme dans son cerveau une représentation totale de la tétine.

Le carré de Kanizsas donne lieu à une illusion optique. Quand on l'aperçoit en relief, des ondes cérébrales, d'environ 40 oscillations par seconde (40 hertz), apparaissent. On peut mettre en évidence ces ondes cérébrales chez un bébé à partir de 8 mois, ce qui veut dire qu'il perçoit le carré.

La prise de conscience de soi

En termes de développement, la prise de conscience de soi constitue une étape importante. Auparavant, on pensait qu'elle survenait vers l'âge de 2 ans ; des études récentes ont démontré que cela pouvait se produire avant.

Un nouveau-né semble dès le départ pouvoir se distinguer de manière assez rudimentaire. Si on lui caresse la joue, il se tourne pour approcher la bouche : c'est le « réflexe de *rooting* », si important pour stimuler la tétée. Ce même nouveau-né peut aussi s'autostimuler, mais il n'aura pas alors la même réaction. Lorsqu'il se touche le visage ou quand il crie, il ne semble donc pas totalement inconscient du fait que c'est lui-même qui provoque la stimulation.

Vers l'âge de 4 à 7 mois, un bébé semble pouvoir se différencier des autres. Il regarde un autre enfant de son âge avec plus de curiosité que lui-même, s'il voit l'un et l'autre dans un film vidéo. C'est quand il peut enlever l'autocollant rouge ou le Post-it jaune qu'on lui a collé tout en se regardant dans le miroir qu'on est certain qu'il commence à prendre conscience de lui-même. Cette capacité se remarque vers l'âge de 18 mois.

À cet âge, le petit enfant commence à se reconnaître dans un miroir, ainsi qu'à comprendre verbalement ce qui est à lui et ce qui est aux autres. Il a pourtant quelques difficultés à saisir que l'image dans le miroir, c'est lui-même, et personne d'autre. Le psychologue suisse Jean Piaget, qui a étudié ses propres enfants, avait ainsi remarqué que sa fille de 23 mois, parlant d'elle, disait « moi » ou « Jacqueline » quand elle regardait des photos d'elle-même. Dans le même ordre d'idées, une certaine Jennifer, âgée de 3 ans, s'est exclamée en se voyant dans un film vidéo : « Voilà Jennifer et elle porte un bonnet, mais pourquoi elle a mon pull ? » Par là, un enfant témoigne du dilemme qui se pose à lui et qui prend la forme du « c'est moi, mais ce n'est pas moi ».

C'est vers l'âge de 3 ans seulement qu'un enfant intègre la dimension du temps, c'est-à-dire qu'il se rend compte que c'est lui qu'il voit dans le miroir et lui encore qu'il voit dans un film vidéo quelques jours plus tard. Certains enfants se cachent le visage quand ils se découvrent dans le miroir, à peu près comme des criminels quand on les photographie. On dirait qu'ils commencent à comprendre que c'est ainsi que les autres les voient. De la même façon, en Papouasie, des adultes qui se regardaient pour la première fois dans un miroir ont été paralysés par la peur en voyant leurs images. Ils n'avaient jamais dû se voir, même dans le reflet de l'eau claire, à la différence du Narcisse grec.

Vers 4 ou 5 ans, il commence à comprendre que la photo et le dessin d'objets et de personnes représentent ce qu'on voit dans la « vraie vie ». C'est au même âge qu'il prend aussi conscience des intentions des autres. Pouvoir comprendre comment pensent les autres est considéré comme la dernière étape dans le développement ; cette faculté, liée au concept de ce que les Anglo-Saxons appellent *theory-of-mind* ou « théorie de l'esprit », est manquante chez les enfants autistes et les adultes souffrant de schizophrénie. Dans le test « Sally-Anne », on montre à un enfant une série de dessins représentant deux filles, Sally et Anne, qui jouent au ballon. Sally sort de la pièce, Anne prend le ballon que son amie a posé dans un panier et le cache dans une boîte. On demande alors à l'enfant où Sally va aller chercher le ballon. L'enfant de 4 ans, comprenant que Sally ne sait pas ce qui s'est passé, va désigner le panier. L'autiste, lui, désignera la boîte, car il part de ce qu'il sait lui, et non pas de ce que sait Sally. À cet âge, un enfant commence également à comprendre le sens du théâtre.

CHAPITRE 11

L'instinct du langage

Le mot « nourrisson » en latin et en anglais – *infant, infans* – signifie « qui ne parle pas », ce qui rappelle à quel point la faculté de parler est fondamentale pour l'être humain. Les organes de la parole ne sont pas complètement développés chez le nourrisson et rappellent davantage ceux des singes que des adultes humains. Le larynx est placé plus haut et le pharynx est plus court, ce qui force le bébé à respirer par le nez, mais lui permet aussi de téter tout en respirant. C'est vers l'âge de 5 mois seulement que le larynx descend comme chez l'adulte : il devient alors plus facile pour le nourrisson de respirer tout en émettant des sons.

La faculté de parler est partiellement liée au fait que l'être humain est bipède. Elle peut être considérée comme aussi spécifique de l'être humain que la bipédie et l'utilisation de la main comme outil. On a bien essayé d'apprendre à des chimpanzés et des gorilles différents signes avec lesquels ils pourraient communiquer. L'un des plus connus était le chimpanzé Nim Chimski, baptisé d'après le nom du linguiste Noam Chomsky, mais, selon son maître, Nim n'a jamais vraiment compris ce langage des signes.

Le babillage

Les enfants commencent à babiller vers l'âge de 3 ou 4 mois. Ils émettent des sons comme « ooooh » et « aah » quand les adultes leur parlent. Ils semblent comprendre intuitivement les règles du dialogue : ils « parlent » et attendent la réponse de l'adulte. À l'âge de 7 mois environ, le bébé commence à babiller en combinant des voyelles et des consonnes – « da-da-da » ou « ma-ma-ma ». C'est ce qu'on nomme une « proto-conversation ».

Le babillage est-il simplement un son guttural que le bébé produirait comme il agite les bras ? Non, il s'agit véritablement d'une pré-étape avant le passage au langage parlé. La preuve en est qu'il est initié dans l'hémisphère gauche, qui est le siège du langage.

Deux psychologues canadiens ont voulu savoir à quel point la commissure droite des lèvres était mobilisée lors du babillage. Ils ont élaboré une équation spécifique et pu ainsi calculer qu'un bébé utilise bien plus cette commissure pour le babillage que pour aucun autre mouvement buccal (pleurs ou sourires par exemple). Or, comme des voies neuronales se croisent dans cette région, ce résultat indique que c'est bien l'hémisphère gauche qui est mobilisé.

D'ailleurs, même les enfants sourds babillent à leur manière. Quand on a cherché à savoir comment des parents et des enfants sourds communiquaient entre eux, on a constaté que les enfants commençaient à « babiller » à l'aide de signes à peu près au même âge que des enfants entendant correctement. Les mouvements des mains avaient presque le même rythme que le babillage oral, celui des syllabes courtes. C'est un constat intéressant, car il témoigne que la faculté de parler est innée, et non pas directement lié à l'écoute de la langue parlée.

Le développement linguistique

Le babillage se transforme en paroles vers la fin de la première année. Quand l'enfant atteint 18 mois, il connaît environ 50 mots ; à 2 ans, il peut combiner des mots pour constituer des phrases courtes. À cet âge, lorsqu'il parle, ce sont seulement ses parents qui, habituellement, comprennent ce qu'il dit ; vers 3 ans, en revanche, il s'exprime de façon intelligible même pour des inconnus.

Un enfant commence à parler, non pas parce qu'il apprend à le faire ou parce que ses parents l'y poussent. Il le fait automatiquement, de la même manière que les oisillons commencent à voler ou les araignées à tisser leurs toiles. Selon le psychologue canadien Steven Pinker, nous avons un instinct qui nous pousse à apprendre à parler, que nous le voulions ou non. Développer cet instinct linguistique n'est pas non plus directement lié au développement général de l'intelligence. Même des enfants souffrant d'un handicap mental grave, comme le syndrome de William, peuvent, s'ils vivent en Angleterre par exemple, apprendre à parler anglais aussi bien et de façon aussi correcte sur le plan grammatical que des professeurs d'Oxford ou de Cambridge.

Bien entendu, même si ses parents ne sont pas obligés de la lui apprendre, il est indispensable que l'enfant écoute la langue qui est parlée autour de lui pour pouvoir développer la sienne. Ainsi, les enfants allemands ne sont pas obligés, comme les enfants suédois, d'apprendre les « comptines de prépositions ». De même, les enfants français et anglais semblent pouvoir décliner la liste des verbes irréguliers sans faire de fautes, alors que nous, Suédois, sommes obligés de la rabâcher sans être jamais en mesure de les connaître tous. Comment cela est-il possible ?

Il ne faut pas se méprendre sur notre instinct linguistique. À la naissance, nous n'avons pas, bien entendu, de dictionnaire anglais, japonais ou swahili intégré dans notre cerveau. Il n'y a même pas un gène pour chaque mot. Nous naissons avec la capacité innée d'assimiler une langue rapidement, alors qu'on ne pourra jamais apprendre une langue à un singe ou un chien : on ne peut que leur apprendre à réagir à certains mots. Tous les linguistes spécialisés dans l'étude des enfants ne sont pas d'accord avec Pinker sur l'idée que la langue est un instinct. Pour certains, le développement linguistique serait fortement lié au niveau d'intelligence générale. De fait, des études approfondies menées sur des « idiots savants » montrent que ceux-ci ont parfois une capacité phénoménale à se rappeler de longues séquences parlées, mais qu'ils font des phrases grammaticalement incorrectes lorsqu'ils doivent les formuler eux-mêmes.

Il est très important pour le développement linguistique que les parents parlent avec leurs enfants, qu'ils leur fassent la lecture à haute voix ou qu'ils leur chantent des chansons. Des bébés qui grandissent sans entendre parler n'apprendront jamais à s'exprimer correctement. À l'inverse, même avant 6 mois, un bébé à qui on parle apprend à reconnaître les phonèmes d'une langue, peu importe qu'il s'agisse du français, du suédois, de l'hindou ou du swahili. On observe d'ailleurs qu'il suce sa tétine avec plus d'intensité quand il entend un nouveau son.

Après 6 mois environ, il montre une nette préférence pour la langue maternelle, dont il absorbe carrément les mots, rejetant tous les autres sons.

Les parents, plus particulièrement la mère, adaptent leurs phrases au niveau de leur enfant. En anglais, cette langue porte le nom de *motherese* (le « parler bébé »), c'est-à-dire qu'on parle lentement et distinctement avec des phrases courtes. C'est d'ailleurs ainsi que les parents corrigent le langage de l'enfant. Cette façon de parler un peu particulière semble se développer plus ou moins automatiquement ; ce n'est pas, en tout cas, quelque chose qu'il faut expliquer aux parents. Certains experts ont affiché leur mépris pour ce « parler bébé » et jugé qu'il fallait l'éviter. Un grand nombre de linguistes s'accordent, eux, sur son importance pour le développement linguistique. Se parler est sans aucun doute la forme la plus élevée d'interaction sociale. D'où la nécessité de parler à son enfant en s'adaptant à lui, et non pas comme si l'on communiquait des informations dans un aéroport ou que l'on donnait une conférence à des étudiants.

Pour un enfant, une langue est comme un flot continu de mots – on ne prononce jamais le point ou la virgule. À partir de 7 mois, un bébé distingue des mots isolés dans une conversation. Un mois plus tard, il sera capable de comprendre des phrases. Il suffit donc d'entendre certains mots dans une phrase pour finir par comprendre de quoi il s'agit. D'ailleurs, à l'âge adulte, on a seulement besoin d'entendre quelques mots, voire quelques syllabes d'une phrase, pour construire le reste et deviner le contexte.

Cela nous amène à une autre thèse, celle de Noam Chomsky, pour qui la grammaire est quelque chose d'inné. Cette thèse a également été contestée. De fait, les enfants sont très enthousiastes, ils veulent s'exprimer de manière correcte grammaticalement, mais cela ne leur vient pas automatiquement. Ce sont plutôt les adultes et les autres enfants qui les corrigent continuellement.

Ghislaine Dehaene-Lambertz et son équipe de chercheurs ont récemment démontré que la circonvolution dans le lobe temporal gauche qui s'active chez un adulte qui entend parler une langue s'active aussi chez un bébé de 2 mois. L'imagerie par résonance magnétique (IRM) a également permis de constater une activité cérébrale plus intense quand on parle normalement sa langue maternelle que quand on la parle à l'envers. Les enfants de l'étude se sont eux-mêmes révélés tout à fait capables de différencier leur langue maternelle des autres langues. En revanche, ils ne faisaient plus la distinction quand ils l'entendaient parler à l'envers. Les chercheurs impliqués dans cette étude sont restés très prudents sur l'interprétation à donner à leurs résultats, car ils semblent, d'une certaine manière, confirmer la thèse de Pinker et notamment le fait que la langue existe avant même que l'enfant commence à la parler, même si la préférence pour la langue maternelle semble impliquer qu'il est important pour un enfant d'entendre parler cette langue.

L'une des méthodes permettant de tester la capacité linguistique consiste à faire écouter des textes courts comportant des erreurs grammaticales. Plus on apprend une langue tard dans la vie, plus il est difficile de découvrir ces erreurs grammaticales. Cette faculté diminue surtout après la puberté. De surcroît, et tout aussi intéressant, il faut savoir que c'est avant tout l'hémisphère gauche qui est mobilisé quand on apprend une langue entre 1 et 3 ans, alors que, plus tard, c'est l'hémisphère droit qui prend davantage le relais.

Il est difficile pour un adulte de comprendre des sons qu'il n'a pas entendus étant enfant. Un plan linguistique se dessine manifestement assez tôt. On a découvert, à l'âge de 6 mois seulement, que certaines cellules nerveuses, dans le centre auditif, répondaient au suédois et d'autres à l'anglais. Dans le même ordre d'idées, il est bien connu que les Japonais ne savent pas différencier les sons r et l, parce qu'ils ne les ont pas entendus quand ils étaient enfants. Les études par IRM ont permis d'observer que, chez des adultes japonais, ces sons sont traités dans des cellules nerveuses qui sont très rapprochées les unes des autres, ce qui n'est pas le cas chez les Occidentaux et les Américains. Ce pourrait être une explication de la confusion japonaise entre le l et le r. On estime en général qu'il est difficile d'apprendre une seconde langue après 10 ans, surtout si c'est une langue très différente de la sienne, comme le japonais ou le chinois. En outre, il sera presque impossible de la parler sans accent après la puberté, peut-être à cause de la rigidification du réseau cérébral et de la diminution de la formation de synapses.

CHAPITRE 12

L'importance de la musique

Presque tout le monde aime la musique. Certains pensent même que c'est vital. Cela dit, notre amour de la musique est difficile à expliquer sur le strict plan de l'évolution. La musique satisfait vraisemblablement le même système de récompense dopaminergique que le plaisir sexuel ou les plaisirs de la table, mais elle n'est pas nécessaire pour survivre et se reproduire. Selon Pinker, le désir d'écouter ou de jouer de la musique serait simplement un effet secondaire du processus évolutif – autrement dit, un épiphénomène dont on pourrait se passer. Un tel point de vue se prête à la discussion. En revanche, il est évident que la musique mobilise de grandes parties de notre cerveau. En effet, les impressions musicales sont d'abord traitées dans le centre auditif du cortex temporal ; ensuite, c'est la mémoire de travail qui est mobilisée, car il faut se souvenir du refrain ; puis vient le tour de la mémoire à long terme qui entre en jeu pour le stockage de toute l'œuvre musicale ; enfin, si la musique éveille des émotions et des sentiments très forts, c'est bien que les centres émotionnels du cerveau sont impliqués.

Apprend-on à préférer l'harmonie ?

À quel degré est-il inné ou culturellement déterminé d'aimer la musique classique viennoise, la musique folklorique ou les rythmes maori ? Cette question est l'une des interrogations afférentes à l'éternel débat sur des rôles de l'hérédité et de l'environnement. Un pédopsychologue américain a tenté d'y répondre en étudiant les réactions des enfants à l'écoute d'une musique mélodieuse ou d'une musique dissonante. Il en a conclu qu'ils étaient beaucoup plus intéressés par l'harmonie que par le bruit.

On peut se demander dans quelle mesure les impressions musicales reçues pendant la vie fœtale influent sur le sens ou le goût pour la musique qui se développera éventuellement plus tard. Un fœtus est sans cesse exposé à des sons rythmiques ; il y a l'activité respiratoire et cardiaque de la mère, par exemple. Concernant la question des rythmes, un psychologue américain a demandé à des femmes enceintes de répéter à plusieurs reprises une comptine respectant un mètre spécifique – « *a cat in the hat* ». Lorsqu'elle a été lue aux bébés après leur naissance, ils ont semblé la reconnaître et se sont mis à sucer plus intensément leur tétine qui était équipée d'un capteur. En revanche, ils n'ont pas du tout réagi en entendant une comptine suivant un autre mètre. Dans le même ordre d'idées, un chercheur britannique a demandé à des femmes enceintes de regarder à plusieurs reprises la série télévisée australienne *Neighbours*. Là encore, après la naissance, on a joué l'indicatif musical et les bébés ont eu l'air très intéressés, alors qu'ils n'ont pas réagi du tout en entendant un autre générique. Les résultats de cette étude ont été rapportés dans *The Lancet* sous le titre « Fetal soap addiction » (« Addiction fœtale aux *soap-operas* »). Il existe plusieurs anecdotes de bébés de musiciennes réagissant quand ils entendent de nouveau la musique qui a été jouée pendant la grossesse. De même, un neurophysiologue français de grand renom racontait que son fils semblait à la naissance conditionné par la musique de Mahler qu'il avait beaucoup entendue pendant sa vie fœtale.

Puisqu'un enfant naît avec la capacité de reconnaître un visage humain, rien n'empêche de penser qu'il puisse aussi naître avec une sensibilité particulière pour certaines formes de sons comme la parole ou la musique. Cela a d'ailleurs été démontré par le psychologue français Jacques Mehler, qui a établi qu'un enfant suçait plus intensément sa tétine quand il écoutait de la musique de l'oreille gauche, mais qu'il réagissait davantage à la parole qu'il entendait de l'oreille droite. Comme un individu adulte, un nouveau-né semble donc déjà traiter les impressions musicales dans l'hémisphère droit et le langage dans l'hémisphère gauche (les impressions auditives dans l'oreille droite sont croisées et traitées dans le centre auditif gauche, et *vice versa*).

Comment peut-on étudier les réactions de l'enfant face à la musique ?

Il est intéressant de constater que la respiration est influencée par la musique. La respiration n'est pas seulement une fonction vitale – le schéma de la respiration est également sensible aux impressions sensorielles. Dans une étude désormais classique, on a démontré que des adultes

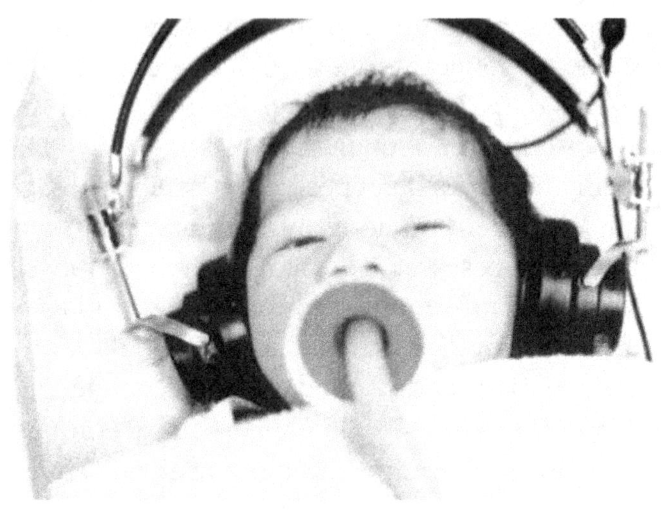

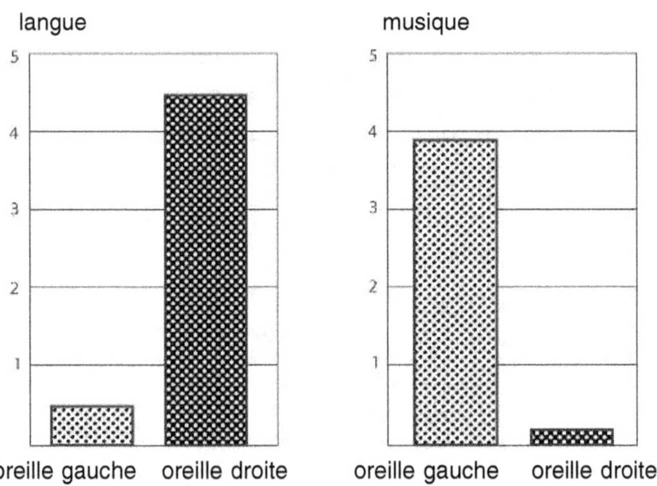

On peut tester les capacités d'un bébé face à la parole et la musique en lui faisant écouter différents sons dans des écouteurs et en l'observant sucer sa tétine, laquelle a été préalablement connectée à un capteur de pression. Plus le bébé est intéressé par un son, plus il suce sa tétine. L'expérience monte que les bébés réagissent davantage quand ils entendent parler dans l'oreille droite et que, pour la musique, c'est plutôt l'oreille gauche. (Photographie reproduite avec l'aimable autorisation du Pr. W. Fifer de l'Université Columbia, New York. Schéma extrait de Naître humain, *par J. Mehler et E. Dupoux.)*

qui écoutaient une musique de Chopin avaient une respiration régulière et harmonieuse, que la musique atonale de Stockhausen rendait irrégulière – on enregistrait même des apnées et des chutes de pouls. Dans une étude que nous avons nous-mêmes réalisée à l'hôpital de Karolinska à Stockholm, nous avons fait écouter à des nouveau-nés, non pas Stockhausen, mais *L'Oiseau de feu* de Stravinski, en alternance avec Mozart. Si la respiration des bébés était tout à fait régulière avec Mozart, elle est devenue irrégulière avec Stravinski. Sans enlever quoi que ce soit à la beauté de Stravinski, il faut dire que c'est une musique qui contient certaines parties dissonantes en *forte*, auxquelles, à l'évidence, les nouveau-nés réagissent.

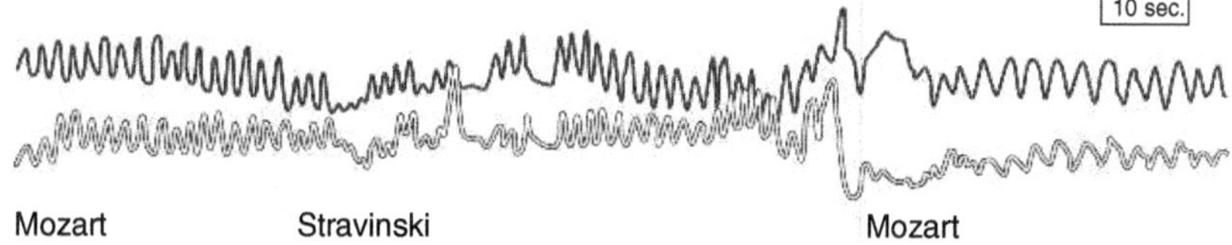

Mouvements respiratoires – la poitrine en haut, l'abdomen en bas – d'un nouveau-né qui écoute en alternance la Petite Musique de nuit *de Mozart et* L'Oiseau de feu *de Stravinski. Observation faite par H. Lagercrantz.*

CHAPITRE 13

Conditionnement, liens affectifs et interaction sociale

Des bébés oies sont conditionnés à suivre leur mère, à condition, du moins, qu'ils l'aient vue au tout début de leur vie. De la même façon, si, à la naissance, on remplace la maman oie par un homme, les oisillons seront tout autant conditionnés à suivre l'homme qui a ainsi pris la place de la mère. Voilà la découverte qu'a faite Konrad Lorenz à l'âge de 9 ans et qu'il a ensuite développée jusqu'à obtenir le prix Nobel pour ses travaux. Lorenz a établi que ce conditionnement doit avoir lieu dans les quinze heures qui suivent l'éclosion et que, si les oisillons ne voient pas leur mère durant cette période critique, il n'a simplement pas lieu. Il existe, donc, une certaine période pendant laquelle ce conditionnement est possible et, une fois qu'il a eu lieu, il est irréversible. La dopamine, le médiateur chimique responsable de la sensation de récompense, semble impliquée dans le processus.

Le conditionnement est un phénomène biologique bien établi chez les animaux. Il est attesté par exemple chez des bébés rats qui, à la naissance, sont manifestement attirés par l'odeur des mamelles de leur mère. Reste à établir clairement si ce conditionnement concerne l'être humain, et jusqu'où. Il y a quelques années, une sage-femme a soutenu une thèse qui traitait de ce sujet chez le nouveau-né. Elle y montrait l'existence de liens statistiques entre l'administration d'analgésiques pendant l'accouchement et le développement ultérieur d'une toxicomanie. Selon elle, en effet, les bébés dont les mamans avaient reçu une grande quantité de morphine (pétidine) pendant leur accouchement risquaient de devenir plus tard des héroïnomanes, tandis que ceux soumis à une dose importante de gaz hilarant risquaient davantage à l'adolescence de se tourner vers les amphétamines. Pour le dire autrement, un enfant exposé à des dérivés de morphine était conditionné à utiliser des euphorisants, comme l'héroïne, et un enfant exposé au gaz hilarant était conditionné à abuser de produits stimulants, comme les amphétamines.

Cette thèse a été refusée après une soutenance qui a duré sept heures. L'objection principale a été que les facteurs sociaux n'avaient pas été contrôlés – des femmes toxicomanes ont, par exemple, un plus grand besoin d'analgésiques et vraisemblablement aussi ont un risque accru d'avoir un enfant toxicomane. Toutefois, l'erreur fondamentale commise ici est qu'il ne s'agit pas d'un conditionnement au sens où l'entendait Lorenz. Pour Lorenz, en effet, tous les bébés oies sont conditionnés à suivre ce qui bouge devant eux au moment de l'éclosion. Dans la thèse en question, il ne s'agissait du conditionnement que d'un tout petit pourcentage de bébés.

Des petits singes ont eu à choisir comme mère entre un squelette en acier et une poupée en tissu. Ils ont préféré la poupée souple au squelette en acier, bien que celui-ci leur ait donné du lait. (Photo : Harry Harlow.)

L'instinct maternel

Dans une série d'expériences remarquables, un chercheur américain a montré que les jeunes singes cherchent de façon innée la chaleur du sein maternel. Pour cela, il a isolé des singes juste après leur naissance et les a placés dans une cage en présence de deux substituts maternels. L'un était en bois et recouvert de grillage métallique ; il était aussi pourvu d'un biberon de lait. L'autre ressemblait à une poupée en tissu ; il était souple et doux, mais n'avait pas de biberon. De façon surprenante, les singes ont préféré le second substitut. L'un des petits singes a essayé de s'asseoir sur la poupée tout en attrapant le biberon du squelette en acier. À l'évidence, il y avait bien une tendance innée à rechercher la chaleur du sein maternel.

Le conditionnement existe aussi chez la mère. Chez la rate, par exemple, si l'on inhibe le gène qui code pour l'enzyme de synthèse de la noradrénaline récompensatrice, on obtient une mère qui ignore ses petits. Elle ne veille pas à ce qu'ils tètent ; au contraire, elle peut les laisser mourir de faim et même aller jusqu'à les manger. La brebis, elle, connaît une période critique entre deux et quatre heures après qu'elle a mis bas. L'odeur de l'agneau stimule son instinct maternel qui a été éveillé par les contractions vaginales et, peut-être, les hormones pendant la mise bas. En effet, si on lui administre une substance inhibitrice de l'ocytocine, on observe que cet instinct maternel est inhibé. Notons au passage que cet instinct est particulièrement important pour les animaux de troupeau afin qu'ils puissent laisser téter leurs petits et rejeter les autres. La question de l'existence d'une période critique où se formeraient des liens affectifs d'ordre biologique entre parents et enfants est controversée. Il ne semble pas s'agir d'un mécanisme de conditionnement « simple » comme chez les oies. Une série d'études a cependant montré que les relations sont perturbées quand un enfant est séparé de sa mère à la naissance. À titre d'exemple, rappelons que les premiers enfants soignés en couveuse étaient séparés de leurs mères et exposés publiquement. Dans les services de néonatologie des années 1950 et 1960, les parents avaient accès à leurs enfants une heure par jour, tout au plus. Que la relation parents-enfants n'ait pas vraiment été optimale par la suite n'est guère étonnant.

L'imitation

Un enfant est un bon imitateur, et il n'est pas exclu que nous soyons meilleurs à ce jeu-là que bien d'autres animaux. Même un nouveau-né peut imiter des grimaces d'adultes – tirer la langue ou ouvrir la bouche. Étudier comment les enfants imitent les grimaces et les expressions faciales est une véritable science, car il faut savoir distinguer l'imitation véritable du comportement fortuit. Des bébés âgés de 6 semaines peuvent imiter les adultes de manière plus sophistiquée qu'on ne l'imaginait au départ. Si on tire la langue vers la gauche, par exemple, il fait de même. D'évidence, il a une perception de son propre corps puisqu'il imite la grimace de l'adulte telle qu'il la voit de son point de vue à lui.

Il existe des cellules nerveuses spécifiques dans le cerveau humain qui s'activent lors d'une imitation : ce sont les neurones miroirs. Quand on voit quelqu'un mordre dans une pomme ou bien se saisir d'une tasse ou donner un coup de pied dans un ballon, le neurone miroir s'active et on imite le comportement. Ces neurones se situent dans les lobes temporaux. Ce phénomène a d'abord été observé chez les singes, sur lesquels on a pratiqué des enregistrements neuronaux. Le neurone miroir a ensuite été découvert chez l'être humain, notamment par l'utilisation de la magnétoencéphalographie. On a alors pu observer l'existence d'oscillations rythmiques (20 hertz) lorsque les neurones miroirs s'activaient.

L'imitation est un processus important pour le comportement humain, surtout en matière d'interaction sociale. En effet, elle facilite la compréhension linguistique et permet de lire les pensées de l'autre. Quand des supporters dans une tribune de football font une Ola pendant un match, il s'agit sans doute d'une activation massive de neurones miroirs chez les spectateurs. Chez les singes, les neurones miroirs sont surtout situés dans le lobe cérébral, ce qui correspond à l'aire de Broca chez l'être humain. Le lien entre la compréhension de la parole et l'exécution du geste est évident. Un bébé qui ne sait pas encore parler communique avec sa mère en grande partie à l'aide de gestes. Les neurones miroirs sont vraisemblablement importants dans ce processus.

La peur de l'inconnu

Si l'on approche rapidement un objet inconnu devant le visage d'un bébé de 4 mois, il commence à pleurer. Même un bébé de 3 mois fait la différence entre un visage qu'il ne connaît pas et le visage de ses parents. À environ 7 mois, les enfants commencent à avoir peur des visages inconnus et, entre 7 et 9 mois, ils pleurent et se recroquevillent quand ils voient un étranger. À cet âge, ils ont désormais une mémoire de travail, et sont en mesure de comparer la situation qu'ils découvrent et qui les effraie à la situation habituelle dont ils ont le souvenir. Cela est sans doute dû à la maturation chez eux de l'hippocampe et du lobe frontal.

Dans le même ordre d'idées, un enfant pleure quand sa mère le quitte et exprime par là son angoisse de séparation. Dans cette réaction est également activée l'amygdale cérébelleuse qui se situe tout au fond du cerveau. C'est aussi elle qui est activée chez certaines personnes qui, quand elles voient des serpents ou des araignées, commencent à avoir des sueurs froides et des palpitations. La même réaction peut être provoquée en montrant des images de serpents ou d'araignées pendant une durée si brève que ces images n'ont pas pu être enregistrées par le cortex cérébral, mais seulement par l'amygdale cérébelleuse.

L'interaction sociale

L'être humain est un animal social, disait le philosophe Baruch Spinoza au XVIIe siècle. Cela est vrai dès sa naissance. La faculté d'imitation constitue d'ailleurs une condition de ce comportement. Un bébé de 6 semaines environ sait déjà émettre des sourires-réponses : il réagit positivement aux signaux de ses parents. En revanche, si l'un des parents fige son visage, le bébé désespère. Plus tard, quand il saura babiller et parler, il apprendra vite à attendre son tour pour que l'interaction prenne un sens. L'interaction entre parents et enfants semble mettre en branle le même système hormonal que celui qui est activé chez un couple amoureux. Du point de vue de l'évolution, être amoureux de sa progéniture est biologiquement important pour la survie de l'espèce.

Les enfants roumains qui ont été découverts dans les orphelinats au début des années 1990, après la chute du régime communiste, ont montré de graves perturbations

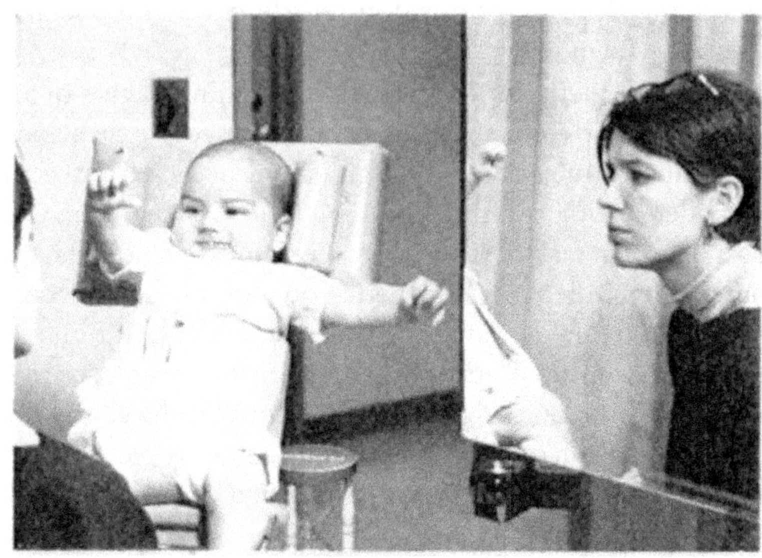

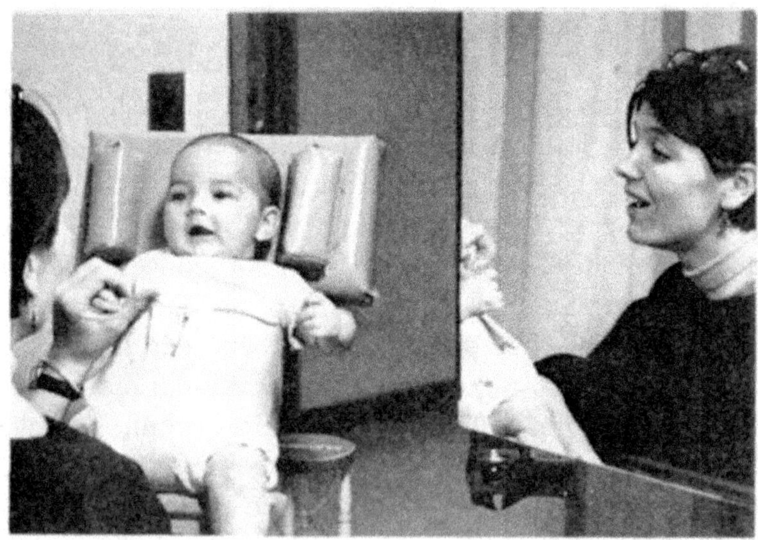

L'interaction sociale entre un bébé âgé de 2 mois et sa mère est pour beaucoup fondée sur le fait que l'enfant imite les expressions du visage maternel. Ici, la mère est assise face au bébé ; le miroir

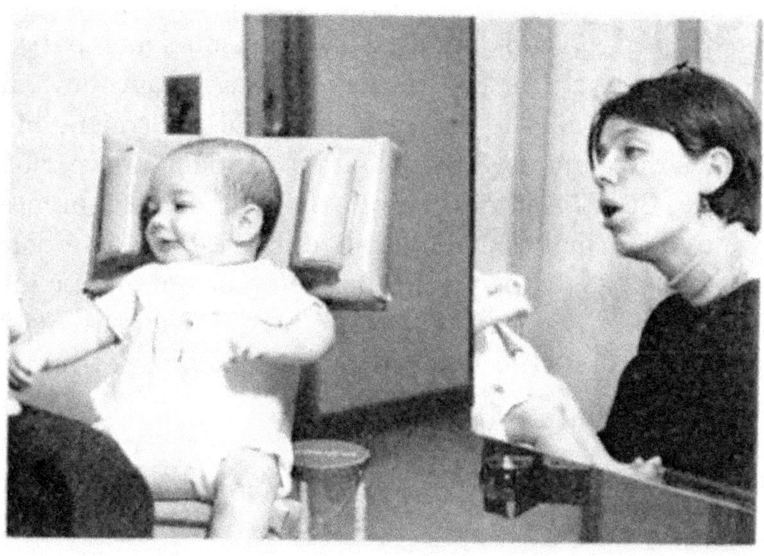

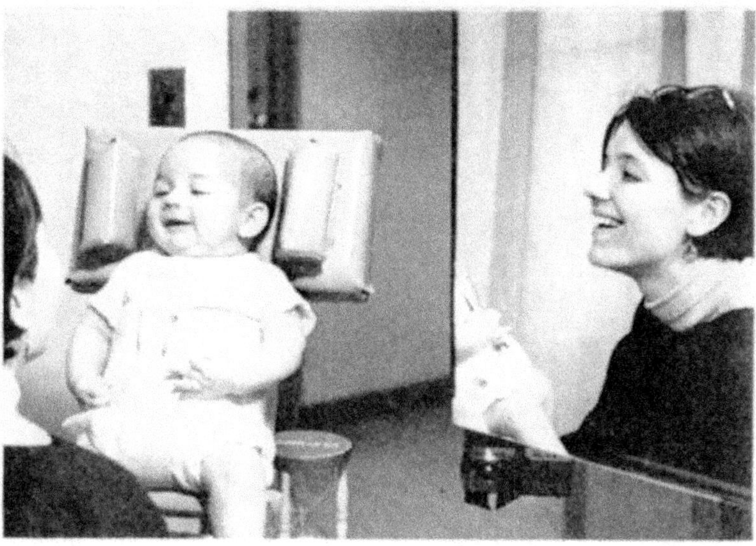

a été installé pour les besoins de l'expérience afin de faciliter la visualisation des expressions. (Photos : Colvin Trevarten.)

dans leur développement cognitif et leur capacité à tisser des liens avec leurs familles d'accueil ou leurs parents adoptifs. L'imagerie par résonance magnétique de leurs cerveaux a révélé de graves lésions qui pourraient bien résulter du manque de stimulation pendant une période critique. Cela dit, il faut croire que la période d'apprentissage et de formation de liens affectifs n'est pas à ce point limitée dans le temps. En effet, les enfants qui ont été sauvés entre 4 et 6 ans et qui ont été pris en charge dans de bonnes familles d'accueil ont pu se rétablir relativement bien.

CHAPITRE 14

Hérédité et environnement : l'impossible débat

Lors de la présentation du projet de recensement du génome humain en 1999, l'un des intervenants a montré le dessin d'un nouveau-né qui était relié à un instrument directement connecté à une machine analysant son ADN. Cet homme avait pour espoir l'identification, grâce au génotype, d'un certain nombre de maladies congénitales. Plusieurs traits de caractère, comme la prédisposition à l'alcoolisme, l'homosexualité, la timidité ou le tempérament colérique, devaient également pouvoir être repérés. Cette entreprise devait être aussi simple que le test de Guthrie, qui sert notamment à détecter la phénylcétonurie, maladie métabolique congénitale : quand cette maladie est découverte à temps et qu'on respecte un régime spécifique, sans phénylalanine, un enfant se développe tout à fait normalement et ne souffre d'aucun retard mental grave.

Le séquençage du génome humain a relancé la croyance en l'importance de l'hérédité dans le développement des enfants. Nous croyons de nouveau au destin. La fée magique a été remplacée par le généticien moléculaire. Mais est-ce bien de génétique seule qu'il s'agit ? Le test de Guthrie est un bon exemple de la relation qui existe de fait entre hérédité et environnement. La phénylcétonurie, en effet, est une maladie provoquée par un défaut génétique, mais, en modifiant les conditions environnementales et en prescrivant, notamment, une diète adaptée, on peut passer outre le gène défectueux.

La question du rôle respectif de l'hérédité et de l'environnement – *Nature or Nurture*, disent les Anglo-Saxons – a été abondamment discutée, de préférence à tort et à travers. Mais il est aussi difficile de clore le débat une bonne fois pour toutes que de l'esquiver totalement. Les interrogations qu'il suscite reviennent constamment dans la politique d'éducation nationale, dans la politique d'immigration, dans la politique de santé, la politique d'action sociale ou la politique pénitentiaire. Par exemple, doit-on traiter le trouble déficitaire de l'attention, avec ou sans hyperactivité (TDAH) comme un problème biologique pour lequel il existe un traitement médical, ou faut-il y voir le résultat d'un environnement éducatif et familial défectueux ? Est-il possible de modifier le comportement de jeunes délinquants en les envoyant en expédition plutôt qu'en prison ?

On doit l'opposition nature ou culture (*Nature or Nurture)* à Francis Galton, le cousin de Darwin, au milieu du XIXe siècle. Il faut sans doute y voir un emprunt à Shakespeare, et plus précisément à *La Tempête*. Quoi qu'il en soit, les interrogations concernant l'hérédité et l'environnement sont hautement politiques. Par exemple, l'idée que les retardés mentaux ou les épileptiques, par exemple, ne devraient pas avoir des enfants a été émise par Galton.

Du behaviorisme au tout génétique

L'idée que l'hérédité ne joue pas un si grand rôle, mais que l'environnement, lui, est déterminant, a été principalement défendue par les behavioristes. L'un d'eux a ainsi affirmé qu'il pouvait éduquer n'importe quel enfant au métier de médecin, d'avocat, d'artiste, de commerçant ou de directeur, mais aussi en faire un mendiant ou un voleur, quel que soit le talent des uns et des autres au départ. En stimulant les réflexes conditionnés de l'enfant, comme l'a fait Pavlov avec ses chiens, on pourrait avec pratiquement n'importe quel enfant obtenir aussi bien « un Mozart » qu'« un Einstein ». Ce mouvement n'a pas duré. À partir du moment où la génétique moléculaire a pris son essor, on a commencé à estimer que tous les troubles comportementaux des enfants avaient une cause génétique. Et c'est ainsi qu'on se retrouve avec des études récentes qui invoquent l'existence d'un gène linguistique, d'un gène de l'autisme, etc. Le psychologue canadien Steven Pinker, pour qui le langage est un instinct, est pris pour le chef de file de ce courant. Dans *Comprendre la nature humaine*, ouvrage qui a suscité un grand intérêt aux États-Unis, mais pas en Suède, Pinker explique que le cerveau à la naissance n'est pas une feuille blanche (*tabula rasa*) et que l'environnement n'est pas ce qui détermine prioritairement le développement. Cette double conception serait responsable des dégâts irréversibles qu'on peut constater concernant l'éducation des enfants ou les politiques menées en matière d'éducation.

Pinker développe principalement les trois idées suivantes :

1. Tout comportement humain serait génétiquement conditionné.

2. Les parents auraient une influence quasiment nulle sur le développement de leurs enfants.

3. Il existerait un facteur de variation dans le comportement qui est dû à autre chose que les gènes ou l'éducation – par exemple dans une fratrie qui partage de nombreux gènes et une même enfance.

Pour Pinker, donc, c'est presque exclusivement la *nature* qui exerce son action déterminante. Les parents ne peuvent influencer leurs enfants que par le choix du lieu de résidence et le style de vie adopté. En revanche, la manière dont on éduque ses enfants n'a aucune incidence. Personnellement, il me semble que c'est une attitude un peu pessimiste. Est-il vraiment équivalent que les parents fassent la lecture à haute voix à leurs enfants, qu'ils les emmènent au musée, qu'ils leur fixent des limites ou bien qu'ils les laissent se débrouiller tout seuls devant la télévision avec des sodas et des paquets de chips ?

Hérédité *et* environnement

Comme l'a très bien résumé le célèbre psychologue Donald Hebb, vouloir savoir ce qui, de l'hérédité et de l'environnement, est le plus important est aussi inutile que de se demander ce qui, de la longueur ou de la largeur, est le plus essentiel pour un rectangle. La neuropsychologie, qui s'est fortement développée dans la dernière partie du XXe siècle, a dépassé l'opposition nature/culture en considérant qu'il y a interaction entre les deux.

Ce qu'on peut dire au bout du compte, c'est que l'expression génique est influencée par l'environnement et à un degré élevé. Les impressions sensorielles, les sentiments, le bien-être ou le stress agissent sur le système signalétique du cerveau lequel, à son tour, agit sur les gènes « immédiats et précoces ». Une rate qui caresse souvent ses petits stimule certains médiateurs chimiques dans leurs cerveaux et, de ce fait, certains gènes, phénomène qu'on n'observe pas chez des petits rats carencés. Le renouvellement de la sérotonine est ainsi stimulé, ce qui, ensuite, excite les récepteurs des glucocorticoïdes. La méthylation de l'ADN constitue l'interface chimique, permettant à l'environnement dynamique d'interagir avec le génotype, lequel est relativement lent.

Dans une suite d'études bien connues, on a étudié le comportement de ratons dans un environnement enrichi en stimulations avec, d'un côté, des descendants de rats un peu gauches et, de l'autre, des descendants de rats intelligents. Tester l'intelligence du rat est un exercice assez bien balisé. Par exemple, on teste avec quelle facilité un rat trouve son chemin dans un labyrinthe jusqu'à la nourriture. On a constaté que les descendants des rats intelligents, quand ils vivaient dans un environnement pauvre, ne réussissaient pas aussi bien que leurs parents. En revanche, les descendants des rats non intelligents savaient très bien se débrouiller s'ils avaient été stimulés. C'est dire toute l'importance de l'environnement. En matière d'intelligence, les gènes ne suffisent donc pas s'il n'y a pas de stimulation.

Dans une autre étude datant des années 1940, on a étudié le cas d'enfants dont les mères étaient en prison. Ces enfants, dont les mamans s'occupaient malgré leur détention, étaient comparés à des enfants placés en orphelinat en raison d'une grossesse non désirée. Malgré

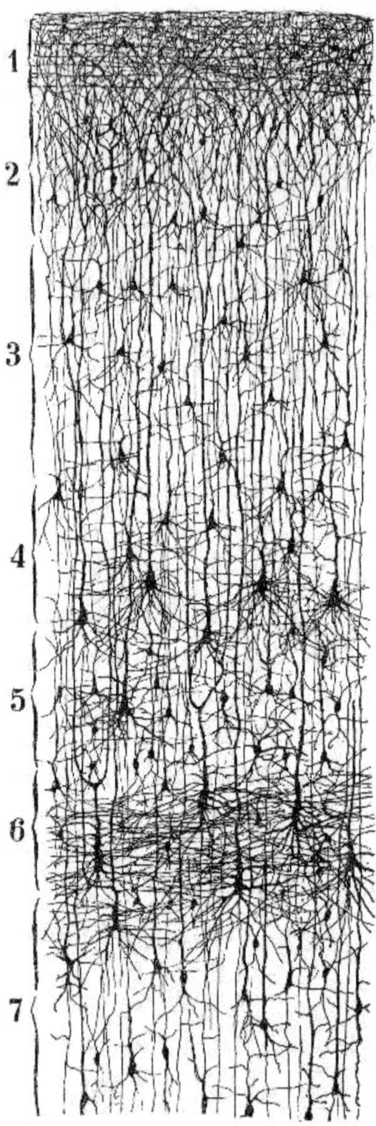

Le cerveau du nouveau-né peut être comparé à une jungle avec un surplus de nerfs, axones et synapses. Au cours du développement, les voies neurales inutiles sont éliminées et le cerveau s'organise grâce à une interaction entre des facteurs héréditaires et l'environnement. L'image provient de l'ouvrage de Ramón y Cajal.

d'éventuels « mauvais gènes », les premiers se sont développés autrement mieux que les seconds. Le prix Nobel Eric Kandel se réfère souvent à cette étude, car il y voit la preuve que la stimulation des enfants influe sur la formation de synapses. Le psychologue français Alfred Binet, qui a développé le test d'intelligence que l'on connaît bien, a, pour sa part, voulu comparer la capacité de calcul mental d'étudiants en mathématiques à celle de caissières du Bon Marché. Ce que les caissières ont montré, c'est qu'elles multipliaient des nombres comme 7 286 par 5 397 beaucoup plus rapidement que les étudiants. Elles avaient en moyenne quatorze années de travail derrière elles, et avaient l'habitude, par exemple, de multiplier le poids par le prix au kilo. Bien entendu, cette observation ne pourrait plus être faite aujourd'hui compte tenu des caisses qui sont utilisées.

Un autre exemple, plus récent, qui montre que la stimulation environnementale peut dépasser l'hérédité est fourni par la Suède. On sait que certains enfants sont quasi maladivement timides. Et on a bien identifié un gène spécifique de la timidité. Cela étant dit, les enfants suédois qui ont grandi en crèche ne deviennent presque jamais timides. Sans aucun doute parce qu'ils n'ont pas eu la possibilité de s'isoler et qu'ils ont dû, au contraire, s'insérer très tôt dans une communauté sociale.

Trop peu de gènes

« Le secret du comportement humain, c'est de ne pas être déterminé par les gènes, mais essentiellement par l'environnement », a déclaré récemment Craig Venter, qui a été le premier chercheur à recenser le génome humain. La déclaration est inattendue venant de l'un des plus éminents généticiens du monde. Cette affirmation remarquable s'explique par le fait que Venter a seulement identifié quelque 21 000 gènes dans le génome, au lieu des 100 000 enseignés dans les manuels scolaires. Le professeur Changeux a, pour sa part, déclaré que si à chaque comportement correspondant on assignait un gène, il n'y aurait pas assez de gènes pour rendre compte de l'ensemble des conduites humaines. Par exemple, il n'existe pas de gène spécifique de l'alcoolisme, de l'homosexualité, de la criminalité, etc. Les gènes ne font que créer des protéines qui, dans certains cas, peuvent avoir pour conséquence de favoriser la propension à développer un certain comportement.

Nous vivons dans une époque qui croit que notre destin est déterminé génétiquement. Or ce qu'il y a d'unique avec le génome humain, c'est que nous avons au cours de l'évolution développé notre cortex cérébral et notre lobe frontal, ce qui nous permet de planifier et de choisir, et, donc, de ne pas nous laisser conduire par des instincts biologiques. Ce sont nos gènes qui font de nous des individus dotés de libre arbitre, et nous pouvons dépasser nos limites biologiques par notre culture et notre éducation. Nous n'avons pas besoin de nous adapter à nos instincts les plus basiques.

Le fait que l'être humain soit unique parce qu'il a le pouvoir de vaincre ses défauts biologiques a été bien décrit par le neurologue anglo-américain Oliver Sacks. Dans un de ses livres, Sacks décrit la visite à un club de patients atteints du syndrome Gilles de la Tourette. C'est un trouble qui se caractérise par des tics, des grimaces involontaires, des comportements incontrôlés, des mouvements saccadés et des exclamations plus ou moins adéquates. Le gène qui est responsable de cette maladie a récemment été identifié, et mieux vaut conseiller à un enfant qui souffre de cette maladie de choisir un métier tranquille, où il n'a pas besoin de rencontrer trop de gens. Ce n'est pourtant pas ce que fait le personnage principal de la nouvelle « Une vie de chirurgien » dans *Un anthropologue sur Mars*. Ce patient, en effet, n'est pas seulement chirurgien, il est aussi pilote. Sacks décrit son vol saccadé au-dessus des Rocheuses quand il pilote son avion. C'est un merveilleux récit sur la façon dont on peut surmonter le déterminisme biologique.

Le chromosome Y est un chromosome violent

Le débat sur l'importance de l'hérédité biologique devient particulièrement enflammé lorsqu'il s'agit d'évoquer l'origine des comportements masculins ou féminins. Pourquoi y a-t-il tant de femmes qui se présentent au concours de médecine – elles constituent même la majorité aujourd'hui – et si peu qui soient président-directeur général ou membre de conseil d'administration ? Dans son livre *La Malédiction d'Adam*, le généticien anglais Bryan Sykes traite du chromosome Y. On le sait, à la différence de tous les autres chromosomes, et même du chromosome X, le chromosome Y est seul. Tous les chromosomes se présentent par paires avec un chromosome de la mère et un du père. De cette manière, les gènes se mélangent, et c'est ainsi qu'on hérite des traits de caractère de ses deux parents. Le chromosome Y, qui existe seulement chez le sexe masculin, est, lui, couplé à un chromosome X, et il ne peut donc, pour cette raison, échanger du matériel génétique ou être réparé, comme les autres. En revanche, il peut muter génétiquement au niveau des spermatozoïdes, avant la fécondation de l'œuf.

Sykes affirme que, lorsque de telles mutations surviennent, la progéniture engendrée se montre particulièrement guerrière et violente. Un exemple typique en serait Gengis Khan. Né vers 1162, celui-ci réussit à asservir les tribus mongoles. Ses troupes montées se répandent à partir de la capitale Karakorum. Les Mongoles forment alors un peuple de nomades qui se déplacent avec leurs troupeaux sur de grands territoires, et sont d'excellents cavaliers. Avec son armée, Khan se fraie un passage à travers la Grande Muraille et occupe le nord de la Chine. Il pénètre aussi la Russie du Sud, le Kazakhstan et la Perse. Gengis Khan est un homme très brutal, qui massacre ses ennemis. Il exige que les femmes les plus belles lui soient livrées sous sa tente où il les viole. Le sultan meurt en 1227, mais ses quatre fils continuent la conquête, fidèles au style paternel. L'un d'eux conquiert Bagdad, et l'Empire mongol devient ainsi l'un des plus grands de tous les temps. Pour Sykes, un chromosome Y d'un type particulier se retrouverait chez 8 % des hommes qui vivent actuellement sur les territoires jadis soumis par Gengis Khan. Si Sykes a raison, cela signifie qu'il y aurait quelque seize millions de descendants issus de ce coq de combat. Rien d'étonnant à ce qu'il y ait tant d'hommes belliqueux dans le monde !

Éduquer un garçon comme une fille ?

Est-il possible d'éduquer un garçon de telle façon qu'il devienne moins « macho » ? La réponse est oui, du moins si l'on en croit cette histoire remarquable racontée par un psychologue américain. Un jour, un jumeau perd son pénis accidentellement lors d'une circoncision. On contacte alors le psychologue pour savoir si l'on doit éduquer le garçon castré comme une fille ou bien comme un garçon. Le psychologue conseille aux parents de faire comme si c'était une fille. À l'époque, il était plus facile de reconstituer des organes génitaux femelles que des organes génitaux mâles... Le garçon castré est donc habillé et éduqué comme s'il était de sexe féminin. Cela ne pose absolument aucun problème, rapporte le psychologue qui en tire un best-seller de l'histoire. Pourtant, vingt-cinq ans plus tard, quand un journaliste de la BBC cherche à savoir comment la situation a évolué, il découvre que le garçon a repris son sexe d'origine et vit en tant qu'homme. Il apprend aussi qu'il a le souvenir d'une enfance très malheureuse et qu'il ne s'est jamais vraiment senti « fille ». Le psychologue auteur à succès avait, en fait, inventé toute l'histoire...

Devenir un homme

Tout fœtus est prédestiné à devenir une femme. Pour Brian Sykes, l'homme est une femme dont les gènes ont été modifiés. Sur un plan théorique, on n'a pas besoin d'un chromosome X pour obtenir une apparence féminine et des organes génitaux féminins. Par exemple, les filles atteintes du syndrome de Turner manquent d'un chromosome X. Or, même si le chromosome restant est inactif, ces filles deviennent néanmoins des femmes, mais sans capacité de reproduction. En revanche, le chromosome Y est nécessaire pour la formation des testicules et de ces deux hormones mâles que sont la testostérone et l'hormone antimüllérienne. La première de ces hormones est responsable de la masculinisation ; la seconde agit sur la régression des organes génitaux femelles internes – l'utérus et les trompes. Ce processus commence vers la 12e semaine de grossesse.

Le cerveau subit aussi l'influence des hormones sexuelles, surtout l'hypothalamus qui gère le comportement sexuel. Certains chercheurs ont même découvert qu'un noyau nerveux situé dans l'hypothalamus était plus petit chez les hommes homosexuels que chez les hommes hétérosexuels. Autre exemple : si des rats nouveau-nés sont castrés, on observe qu'ils se comportent comme des rats femelles à l'âge adulte. On constate également que les rats femelles se servent d'amers pour s'orienter dans un labyrinthe avec un morceau de nourriture pour appât, alors que les mâles, eux, préfèrent les figures géométriques.

On a étudié des filles atteintes d'hyperplasie congénitale des surrénales – ce qu'on nomme aussi le syndrome génito-surrénal congénital – afin d'en savoir plus sur les problèmes relatifs à l'identification des sexes. Ces filles ont un défaut congénital dans la glande surrénale, qui provoque la production d'un surplus d'hormone sexuelle mâle. À la naissance, elles présentent une ambiguïté génitale, avec un clitoris grand comme un pénis. Cette anomalie est bien répertoriée, et sitôt qu'on a porté le diagnostic, on peut les opérer pour donner un aspect féminin à leur sexe. Au niveau cérébral, en revanche, c'est plus difficile, et ce sont souvent des garçons manqués.

De quelle manière le cerveau d'un garçon diffère-t-il de celui d'une fille ? Le cerveau masculin est un peu plus asymétrique, et le cortex cérébral droit un peu plus épais. Les hormones sexuelles mâles semblent stimuler la croissance de ce cortex cérébral droit et freiner celle du cortex cérébral gauche. Voilà qui peut expliquer que les filles aient des facilités pour apprendre les langues, tandis que les garçons sont un peu plus à l'aise pour penser de façon multidimensionnelle et s'orienter dans l'espace. Qu'il existe des différences entre les sexes concernant les fonctions cérébrales n'est guère étonnant quand on se place du point de vue de l'évolution. À l'époque préhistorique, les hommes étaient, en effet, obligés de chasser et de défendre leurs territoires, alors que les femmes ramassaient la nourriture près de leur habitat et s'occupaient des enfants. Cela dit, notre civilisation n'est plus déterminée par les lois de l'évolution qui ne connaissent rien à Internet, au courrier électronique, aux biotechnologies ou aux soins médicaux ultra-modernes. S'agissant de telles activités, il n'est ni possible ni souhaitable de définir ce qui convient le mieux aux garçons et aux filles.

CHAPITRE 15

Les jalons de l'enfance

On doit au psychologue suisse Jean Piaget l'introduction du concept de « jalons de l'enfance ». Piaget a divisé le développement en différents stades. Le premier stade est le stade sensori-moteur, qui dure jusqu'à l'âge de 2 ans : l'enfant est alors plus ou moins régi par des réflexes et il a peu de contrôle. Durant le stade pré-opérationnel, entre 2 et 6 ans, il apprend à parler et à penser par symboles, mais sans comprendre tout à fait ce qui est bon ou mauvais. Puis vient le stade opérationnel, entre 7 et 11 ans, où il développe un certain sens pour les règles, dans les jeux de société par exemple, mais aussi sous la forme d'une sorte de réflexion morale. À partir de 11 ans et pendant la puberté, l'enfant entre dans le stade formellement opérationnel : il acquiert de plus en plus une réflexion abstraite d'adulte et devient capable d'avoir une vision générale, d'analyser les phénomènes analogues et de comprendre les contextes complexes.

Le cerveau se construit comme la tour Eiffel. Les parties basales du tronc cérébral, celles qui règlent la respiration et la déglutition, arrivent à maturation en premier ; le cortex frontal, avec ses fonctions exécutives, parvient à maturation en dernier.

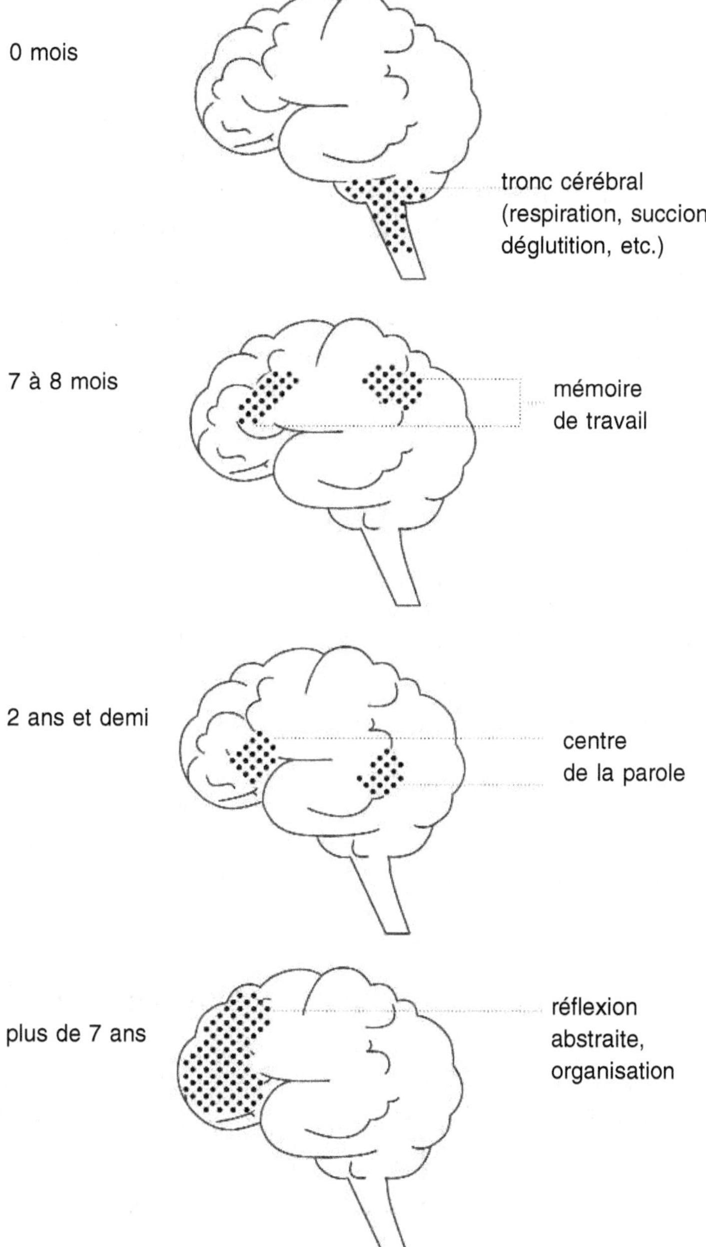
0 mois
tronc cérébral
(respiration, succion,
déglutition, etc.)
7 à 8 mois
mémoire
de travail
2 ans et demi
centre
de la parole
plus de 7 ans
réflexion
abstraite,
organisation

À la différence de Piaget, Sigmund Freud, lui, est plutôt parti de processus subconscients et a découpé le développement de l'enfant en d'autres étapes : le stade oral (0-18 mois), le stade anal (18 mois-3 ans) et, enfin, le stade génital ou œdipien (3-6 ans). L'un des disciples de Freud, Erik Erikson, a modifié ce schéma et parlé de périodes de confiance, d'autonomie et d'identification.

Dans ce chapitre, je voudrais reprendre les stades de développement de l'enfant en les rapportant au développement cérébral. En principe, on peut dire que la maturation des fonctions cérébrales se fait de bas en haut. Les fonctions du tronc cérébral, comme la respiration, la succion ou la déglutition, fonctionnent déjà chez le grand prématuré, tandis que les plus hautes fonctions exécutives, qui sont gérées par le lobe frontal du cortex cérébral, ne deviennent pas totalement opérationnelles avant l'âge de 20 ans. Un développement normal autorise toutefois des variations importantes, par exemple en matière de développement linguistique, lequel peut commencer vers l'âge de 9 ou 10 mois, ou ne pas se développer avant 3 ans. Sans aller jusqu'à la divergence, on constate aussi des variations importantes entre fonctions différentes, comme marcher tôt, mais parler tard, ou inversement.

La croissance fulgurante du cerveau entre 0 et 2 ans

Ce stade débute durant la vie fœtale. La plupart des cellules nerveuses sont déjà formées entre la 20 et la 25e semaine de grossesse. Les axones, les dendrites et les synapses augmentent de façon explosive jusqu'à l'âge de 2 ans. Le cerveau pèse environ 100 grammes au 6e mois de grossesse, mais entre 300 et 400 grammes à la naissance ; à 2 ans, il représente 90 % du poids du cerveau adulte.

Cela dit, si, à cet âge, le cerveau est bien plus développé que ce que l'on pensait autrefois, les fonctions cognitives de haut niveau, elles, ne le sont toujours pas.

Les deux premiers mois de la vie

Le cortex cérébral est immature et inactif, exception faite de l'aire sensorielle qui enregistre les impressions sensorielles. Le cortex visuel n'est pas très actif non plus. La vision de l'enfant est limitée, et les images doivent être assez floues. Un bébé peut cependant identifier un visage humain en apercevant une bouche et des yeux.

À ce stade, d'autres structures cérébrales sont un peu plus matures, comme celles concernant les émotions et les fonctions végétatives. Un bébé sait exprimer des émotions, par exemple s'il a faim ou s'il est mal à l'aise avec sa couche mouillée. On estime que, normalement, un bébé passe environ 7 % de son temps à crier dans une journée de vingt-quatre heures. Les souvenirs désagréables, comme les piqûres qui font mal, sont probablement stockés dans l'amygdale cérébelleuse, avant que la mémoire épisodique proprement dite ne devienne mature.

Les parties du cerveau qui gèrent les mouvements sont, elles aussi, relativement immatures. Les mouvements du nouveau-né sont en grande partie conditionnés par différents types de réflexes, qui sont transmis par des arcs de réflexes dans le tronc cérébral et dans la moelle épinière. Si l'on pose un doigt sur la main d'un bébé, celui-ci s'en saisit immédiatement – c'est le *grasping reflex*, ou réflexe d'agrippement, qui existe également au niveau des pieds. Si l'on tient la tête d'un bébé et qu'on la relâche, l'enfant fait un mouvement d'embrassement – c'est, cette fois, le « réflexe de Moro ». Ces réflexes primitifs sont peut-être un résidu archaïque de l'époque où nos ancêtres grimpaient aux arbres et où il était important de s'accrocher à la mère. Ils peuvent réapparaître au cours de la vieillesse, si le cortex cérébral est inhibé, comme c'est le cas dans la démence.

Quand le bébé a environ 6 semaines, il développe aussi ce qu'on appelle le sourire-réponse. Les sourires qui s'esquissent avant cette date viennent de l'intérieur et ne sont pas des réponses aux tentatives de contact initiées par l'adulte. Enfin, c'est également à cette période que le cerveau frontal de l'enfant commence à devenir plus actif.

À 3 mois

À l'âge de 3 mois, l'activité du cortex cérébral augmente sensiblement. Un développement synaptique massif a lieu dans les cortex visuel et auditif. Le bébé voit mieux et avec plus d'acuité. Il suit les mouvements dans l'espace avec ses yeux. Le cortex cérébral commence à prendre le contrôle sur certaines fonctions cérébrales, comme la respiration, ce qui est important pour que l'enfant puisse gazouiller et parler. Les mouvements du bébé deviennent plus volontaires, et les réflexes primitifs commencent à disparaître. Si l'on détourne l'attention d'un enfant, on peut également faire cesser ses cris spontanés. Cela pourrait s'expliquer par le fait que le cortex cérébral a pris la commande des fonctions cérébrales basales.

À 4 mois

À 4 mois, le développement synaptique est très important dans le centre visuel. Les voies visuelles s'affinent sous l'influence des impressions visuelles – autrement dit, les voies visuelles qui sont activées se renforcent tandis que celles qui ne sont pas utilisées disparaissent. Ce processus est important pour le développement de la vision en perspective qui commence à s'esquisser. Le bébé cherche alors à attraper des objets de façon plus consciente. Il babille aussi de manière plus modulée.

À 5 mois

À 5 mois, un bébé écoute activement, surtout si sa mère lui parle dans un langage qui lui est adapté. Le larynx « descend », et il devient plus facile pour l'enfant de gazouiller pour, ensuite, commencer à parler.

À 6 mois

Vers 6 mois, un bébé peut déplacer des objets d'une main à l'autre. Il commence à imiter les sons plus activement. Son babil contient des voyelles variées lorsqu'il pleure.

À 7 mois

À partir de l'âge de 7 mois, l'hippocampe et le cortex cérébral commencent à devenir matures et le bébé acquiert une mémoire de travail dont il se sert pour exécuter telle ou telle tâche. Il peut désormais conserver une pensée dans sa tête. On peut tester l'activation de cette mémoire par des jeux comme le cache-cache. Le bébé devient aussi inconsolable si l'un de ses parents l'abandonne et qu'il se retrouve chez une tierce personne, car il se souvient maintenant de ses parents.

À 8 mois

À 8 mois, l'activité dans le lobe frontal du cerveau augmente fortement. Le bébé apprend à ouvrir la main et à lâcher un objet. Il se met à comprendre le sens des mots et à utiliser des syllabes comme ma, pa, da, di et hi.

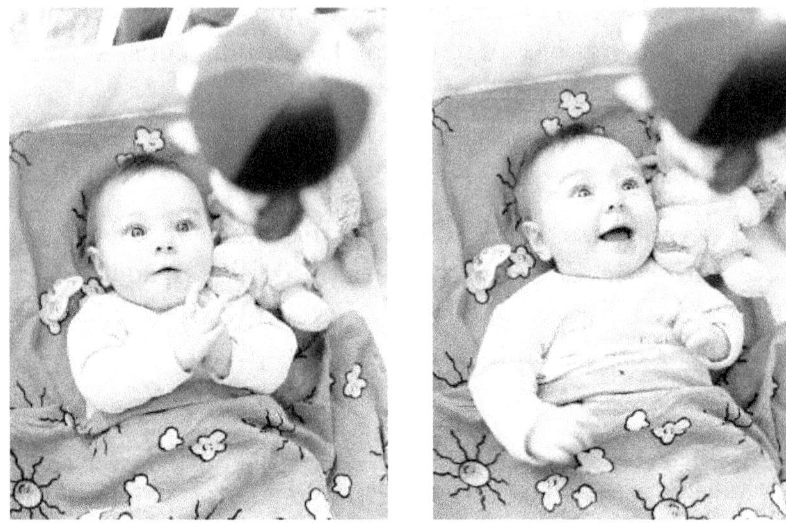

Un bébé cherche à attraper des objets à l'âge de 4 mois.

La prise pincette se développe vers 8 mois.
(Photos en haut et en bas : Maria Rosenlöf.)

À 9 mois

À 9 mois, un bébé commence à comprendre le sens du mot « non ». Il a développé un sens de la perspective et hésite à avancer s'il y a une dénivellation. Il cherche des jouets, même s'ils sont cachés.

Entre 10 et 12 mois

C'est autour de 10 à 12 mois que le développement explose littéralement. À cet âge, il se crée environ un million de synapses par seconde ! Le bébé commence à s'exprimer avec des mots-phrases, il cherche des objets cachés et proteste contre le fait d'être laissé seul avec des inconnus.

Entre 12 et 15 mois

C'est entre 12 et 15 mois que la mémoire explicite se développe et que le bébé acquiert la conscience de ce qui s'est passé juste avant. Cette étape correspond au fait que la création synaptique atteint un pic au niveau des circonvolutions cérébrales frontales. À cet âge, des bébés qui voient un mobile apprennent vite à donner un coup de pied dedans pour qu'il bouge. Si l'on enlève le mobile et qu'on le leur montre de nouveau, ils donnent tout de suite de nouveaux coups de pied. Ils se souviennent donc que c'est de cette façon que le mobile se met à bouger.

La période qui va de 10 à 15 mois est aussi la période de « Sa Majesté Bébé ». L'enfant exige d'être le centre d'attention, et les parents doivent en être les serviteurs. Néanmoins, l'événement le plus marquant de cette période est sans doute le début de la marche. Certains enfants commencent à marcher vers 10 mois, d'autres attendent jusqu'à 18 mois. Les premiers pas sont incertains, les jambes raides, les doigts de pieds écartés et les chutes nombreuses. Il faut souvent attendre deux mois avant que la marche se stabilise.

À 15 mois

Un enfant de 15 mois peut boire dans une tasse tout seul et manger avec une cuillère moyennant un peu d'aide. On peut obtenir d'un enfant de cet âge des câlins et des bisous, lesquels peuvent rapidement dégénérer en explosions de rage quand quelque chose ne va pas.

À 18 mois

À cet âge, un bébé peut courir, même si c'est de façon un peu guindée, et donner des coups de pied dans un ballon sans tomber. Il sait aussi montrer ses chaussures et désigner le nez ou la bouche d'une poupée. Il se reconnaît également dans un miroir. À partir de 18 mois, un enfant commence à s'identifier en tant que personne. Il a son propre corps, sa propre volonté et ses affaires à lui.

À 24 mois

Un enfant de 24 mois sait dévisser un couvercle et enlever du papier cadeau. Les livres l'amusent, et il peut désigner plusieurs objets familiers. Il signale également quand il veut aller sur le pot.

Évidemment, tous ces jalons sont relatifs, avec une variation possible d'un ou deux mois, selon la manière dont on évalue la fonction et selon les critères d'évaluation. Des tests comme le test de Bayley (qui doit son nom au psychologue Nancy Bayley) prévoit des marges assez larges concernant l'âge auquel un enfant doit être en mesure d'effectuer certaines manipulations et de manifester certains comportements.

L'organisation du cerveau entre 2 et 7 ans

Jean Piaget a appelé ce stade le stade préopérationnel. Selon lui, à cet âge, un enfant ne peut pas encore penser de façon logique et est très égocentrique. Il ne peut pas encore nouer de relations amicales durables et utilise ses camarades à ses fins propres. Pendant cette phase, la création explosive de synapses ralentit. Parallèlement, de nombreuses synapses « inutiles » disparaissent. On a calculé que le nombre de synapses par nerf passait ainsi de 10 000 à 8 000. L'organisation du cerveau se met en place. Vraisemblablement, certaines cellules nerveuses inutiles disparaissent aussi, mais elles sont peu nombreuses à mourir si l'on compare, par exemple, avec ce qu'on observe chez le rat.

L'enfant de 2 ans et demi

À cet âge, un enfant est capable de faire des puzzles simples et pose des questions constamment, il sait faire la différence entre « le mien » et « le tien » et attendre son tour quand on joue. Il dessine aussi des traits et des cercles, et se reconnaît sur une photographie. Son vocabulaire comprend désormais environ 200 mots, mais son langage parlé reste immature. Il parle beaucoup tout seul en jouant et commence à employer des pronoms comme « je », « moi » ou « tu ». En revanche, il n'a pas conscience du danger et veut satisfaire ses désirs sur-le-champ. Il regarde volontiers comment les autres enfants jouent, mais veut garder ses jouets pour lui sans les partager. Il n'a donc pas atteint la maturité qui lui permettra plus tard de jouer avec d'autres enfants à la crèche.

L'enfant de 3 ans

Tandis que la formation intense de synapses diminue dans les centres primaires visuel et auditif, elle augmente dans le centre de la parole et le lobe frontal. À l'âge de 3 ans, un enfant maîtrise jusqu'à 500 mots. Il peut prononcer des phrases de cinq à six mots et semble parler constamment. Il ne saisit pas encore la différence entre « je », « moi » ou « le mien » et « tu », « toi » et « le tien ». Il parle désormais de façon intelligible même pour des inconnus et peut raconter des histoires. On peut aussi le corriger quand il se trompe ou répondre à ses questions. La sensation du moi commence à se développer à partir de 3 ans, ce qui explique qu'un enfant de cet âge soit capable de se décrire lui-même et de raconter ce qu'il ressent et ce qu'il éprouve.

L'enfant de 4 ans

À cet âge, un enfant commence à pouvoir dessiner et tenir un crayon comme un adulte. Il sait dessiner un bonhomme avec une tête et des pieds. Il sait construire des tours, un pont ou un escalier simple avec des cubes. À ce stade, la motricité fine et la coordination entre l'œil et la main sont suffisamment développées pour qu'il puisse verser de l'eau dans une tasse ou déboutonner ses habits. Couper, coller, peindre ou modeler figurent parmi les activités les plus amusantes de cet âge. Un enfant de 4 ans a un vocabulaire d'environ 1 000 mots et parle de façon grammaticalement correcte. Il sait raconter des événements et écoute volontiers de longues histoires, mais il a du mal à différencier l'imaginaire de la réalité. Enfin, il aime les jeux de rôles et les plaisanteries.

Un enfant de 4 ans sait verser du lait dans un verre.

L'enfant de 5 ans

À cet âge, la création extensive de synapses se fait plus sélective, et les voies superflues sont éliminées. Du même coup, la plasticité cérébrale diminue, et il n'est plus aussi facile de devenir totalement bilingue, c'est-à-dire de maîtriser deux langues maternelles. À cet âge, un enfant parle couramment et de façon grammaticalement correcte. Il sait dire son nom, son adresse et sa date de naissance. Il aime bien les comptines et veut connaître le sens des mots abstraits qu'il utilise plus ou moins comme il faut. Son hémisphère gauche devient plus dominant, et il peut dessiner de façon ressemblante ou copier des lettres comme V, T, A, O, et X. Un enfant de 5 ans commence également à comprendre l'intérêt qu'il y a à être ordonné, même s'il faut constamment le lui rappeler. Il comprend la notion de temps et la planification de la journée. Il choisit ses amis et peut interagir avec eux. Il commence enfin à comprendre les règles et la justice. Désormais, il est prêt à protéger des enfants plus jeunes que lui ou des animaux.

Un enfant de 5 ans sait écrire certaines lettres. (Photos page de gauche et ci-dessus : Maria Rosenlöf.)

La stabilisation du cerveau après 7 ans

Il s'agit ici du stade opérationnel décrit par Piaget. Le cerveau d'un enfant de 7 ans pèse presque autant qu'un cerveau adulte. Il ne va plus grossir beaucoup, vu que la formation synaptique a commencé à stagner et qu'un équilibre s'est créé entre disparition et création de synapses. La substance grise du cerveau n'est jamais aussi épaisse que chez les filles de 11 ans et les garçons de 12 ans. Par la suite, on observe une diminution progressive de cette substance, cependant que la substance blanche, elle, augmente. Le dernier stade de la myélinisation des centres d'association du cerveau a lieu à cette époque et c'est ce qui rend possible la réflexion abstraite, la résolution de problèmes, l'organisation, etc.

L'entrée dans la vie adulte

C'est à ce moment qu'a lieu la maturation progressive du cortex cérébral, depuis le lobe occipital jusqu'au lobe frontal. Le lobe frontal ou le cortex préfrontal constitue le centre des fonctions exécutives du cerveau, qui parvient à maturité en dernier, seulement vers l'âge de 25 ans selon certains chercheurs. Peut-être est-ce la raison pour laquelle certaines agences de location de voitures ne louent pas de véhicules à des jeunes de moins de 25 ans. Vraisemblablement, c'est seulement à cet âge-là qu'on acquiert une pleine maturité en ce qui concerne la responsabilité de ses actes.

CHAPITRE 16

Les développements cérébraux divergents

L'autiste : un bel enfant sous une cloche de verre

Environ deux enfants sur mille souffrent de cette maladie, qui est plus fréquente chez les garçons. Nouveau-nés, ces enfants semblent déjà ne pas avoir la préférence des bébés normaux pour les visages plutôt que pour les objets (voir Chapitre 8). Dans un premier temps, pourtant, ils semblent se développer normalement et souvent on ne découvre pas que l'enfant autiste est différent avant l'âge de 1 an et demi. À ce moment-là, il semble de plus en plus isolé, et le développement de la parole s'arrête. Les enfants autistes ont souvent un contact visuel déviant. Lorsqu'ils regardent un film, ils scrutent plus les objets que le regard des acteurs. Ce qui est le plus caractéristique de l'enfant autiste, c'est l'impossibilité de l'interaction sociale et de la communication.

Même si la plupart des enfants autistes souffrent d'un handicap mental, il existe des exceptions, surtout dans le cas du syndrome d'Asperger, qui est une variante de l'autisme. Les enfants Asperger ont un goût particulier pour l'énumération de nombres premiers à laquelle ils s'adonnent presque constamment et pour le calcul du jour de la semaine correspondant à telle ou telle date. Ils peuvent apprendre des horaires de train par cœur, ou avoir d'autres centres d'intérêts un peu particuliers. Malgré cela, ces enfants sont incapables de réussir des tests d'intelligence qui nécessitent la compréhension de la notion d'espace et du lien de causalité. Certains mathématiciens, physiciens et philosophes connus, comme Isaac Newton ou Ludwig Wittgenstein, passent pour avoir été autistes ou, du moins, pour avoir présenté certains traits autistiques. Les autistes peuvent en effet avoir un sens exceptionnel du détail ou un don particulier pour la réflexion algorithmique.

Lorsque, dans les années 1950 et 1960, la théorie psychanalytique dominait la psychiatrie, on estimait volontiers que l'autisme s'expliquait par des mères « froides » et des pères absents. Non seulement ce point de vue était totalement erroné, mais il a créé des sentiments de culpabilité inutiles chez les parents.

Il y a un an ou deux, une nouvelle théorie sur l'autisme a vu le jour selon laquelle cette maladie pouvait être provoquée par le vaccin contre la rougeole. L'article en question a été publié dans *The Lancet* et a suscité un intérêt considérable, suite à quoi beaucoup de parents ont refusé de faire vacciner leurs enfants. Et puisque le vaccin contre la rougeole est souvent combiné au vaccin contre les oreillons et la rubéole, certains enfants ont aussi été privés de cette protection. Une série d'études a plus tard démontré que cette information était complètement fausse. Et même l'auteur de cet incroyable article est en parti revenu sur ses affirmations.

Aujourd'hui, nous ne connaissons toujours pas les causes de l'autisme. On sait que le risque augmente si quelqu'un dans la famille en est atteint. Des études sur des jumeaux monozygotes ont montré que si un jumeau souffrait d'autisme, il y avait 60 % de risques pour que son jumeau en soit également atteint. Un défaut chromosomique pourrait donc être en cause. De fait, on a bien découvert que les chromosomes 7 et 15 étaient défectueux. Et on a également constaté que les enfants autistes avaient souvent l'annulaire plus long que l'index, ce qui indique un défaut génétique. Toutefois, le fait que presque la moitié de tous les jumeaux monozygotes qui ont un frère ou une sœur autiste sont sains semble mettre en cause un facteur environnemental.

Actuellement, on estime que l'autisme serait principalement lié au fait que les voies neuronales sont connectées différemment. En effet, le cerveau autiste n'est pas plus petit, il est plutôt plus grand. Quant aux nerfs, ils sont pourvus d'une trop grande quantité de myéline, et les colonnes du cerveau sont bel et bien formées autrement. Le cerveau autiste ne semble pas réagir normalement. Normalement, en effet, une circonvolution spécifique (la fusiforme) s'active quand on voit un visage ; c'est aussi le cas chez un autiste, mais à moindre degré.

Les difficultés de lecture et d'écriture

Par le passé, on parlait de « cécité verbale ». Les enfants qui en souffraient étaient considérés comme un peu « bêtes » à l'école. Désormais, la désignation officielle pour cette affection est « difficultés de lecture et d'écriture » ou encore « dyslexie ». Les enfants qui en sont atteints ont le plus souvent une intelligence normale, et ils peuvent même être surdoués dans certains domaines. Leurs difficultés proviennent d'une perturbation spécifique de la capacité cérébrale chargée de traiter les phonèmes et les lettres. Celles-ci sont renversées, et même les mots les plus simples sont mal orthographiés. Quand un enfant doit écrire un « d », c'est souvent un « b » qui apparaît sur la feuille. La dyslexie est héréditaire et se manifeste à un niveau familial. De nombreux artistes renommés et de brillants scientifiques semblent souffrir de dyslexie. Certains en ont tiré la conclusion que les autres parties du cerveau étaient sans doute plus développées chez les dyslexiques. À titre d'exemple, le sculpteur Auguste Rodin souffrait de dyslexie grave.

Le taux de dyslexie existant s'élève à presque 10 %. Les garçons sont plus souvent touchés que les filles. On observe que la dyslexie est souvent associée au fait d'être gaucher et à une certaine prédisposition pour des maladies auto-immunes comme l'allergie ou la maladie rhumatismale. Cette corrélation pourrait être due à une modification des antigènes de transplantation, dont l'importance a récemment été découverte pour la connexion adéquate des nerfs (voir Chapitre 4, page 55). Il n'est pas impensable que ces modifications augmentent le risque de maladies auto-immunes, mais aussi de dyslexie et d'autisme.

Par le passé, la dyslexie était surtout considérée comme un problème pédagogique. Aujourd'hui, on sait qu'elle est due à une perturbation de la capacité cérébrale de traitement des phonèmes. Les enfants dyslexiques n'ont pas de problèmes de vue ou d'audition, mais présentent une perturbation dans le traitement des composants verbaux. En lisant, c'est l'aire de Broca qui est mobilisée (voir Chapitre 15, page 183), ainsi que deux autres parties situées à l'arrière du cerveau – l'aire temporale et l'aire occipitale. L'importance de l'aire de Broca est avérée depuis fort longtemps. Des lésions dans cette zone du cerveau, après une hémorragie cérébrale par exemple, peuvent entraîner une aphasie. Un lecteur inexpérimenté utilise l'aire temporale pour interpréter les mots l'un après l'autre. Un lecteur chevronné, lui, utilise l'aire occipitale gauche, qui lui permet immédiatement d'interpréter les mots. C'est ce qui a été découvert grâce à l'imagerie par résonance magnétique, avec laquelle on peut directement mesurer l'augmentation du taux d'oxygène dans ces différentes aires.

Notons que des enfants dyslexiques ont bénéficié d'un entraînement intensif avec la méthode dite *Fast For Word* et sont ainsi devenus de meilleurs lecteurs. L'entraînement visait à favoriser l'association des sons et des lettres avec l'aide d'un programme informatique adéquat. Cette méthode demande au moins 100 minutes de travail par jour, mais, après cet effort, on peut voir que l'enfant dyslexique mobilise désormais d'autres parties de son cerveau. C'est là un bel exemple de la manière dont un programme spécifique peut aider à améliorer telle ou telle fonction cérébrale

Le syndrome d'hyperactivité avec déficit de l'attention (TDAH)

Le TDAH – trouble déficitaire de l'attention avec hyperactivité – est depuis quelques années le centre d'un débat passionné. La question qu'on se pose est de savoir si c'est un syndrome médical ou une affection principalement conditionnée par des facteurs psychosociaux. Au fond, ce n'est pas un phénomène nouveau. Par le passé, on parlait, par exemple, d'« enfants MBD » – abréviation de

Minimal Brain Damage ou *Dysfunction*, c'est-à-dire d'enfants présentant une lésion cérébrale mineure. De même, les enfants repérés autrefois comme des bagarreurs étaient probablement des enfants atteints de TDAH.

Le TDAH est un état plus strictement défini, qui comprend le trouble déficitaire de l'attention, l'impulsivité et l'hyperactivité – la fameuse triade sacrée. Selon certaines études américaines, il y aurait jusqu'à 10 % d'enfants souffrant de TDAH. Des pédopsychiatres suédois estiment, eux, que seulement 0,5 % d'enfants seraient véritablement porteurs du trouble et auraient besoin d'un traitement médical. Il est difficile de dire clairement si le TDAH a augmenté ces dernières années ou si le syndrome suscite simplement plus d'attention qu'auparavant.

Que des enfants, surtout des garçons, puissent manquer de concentration et être perturbateurs est, dans une certaine mesure, tout à fait normal, surtout si ces garçons viennent d'un milieu social difficile. Alors comment caractériser les enfants souffrant de TDAH ? On peut dire qu'ils « ne semblent pas écouter », qu'ils « ne finissent jamais ce qu'ils commencent », qu'ils « rêvassent », qu'ils « n'entendent pas ce qu'on leur dit ». Faire ses devoirs ou ranger sa chambre est impossible pour ce genre d'enfants qui ont aussi du mal à contrôler leurs impulsions, qui ne savent pas attendre *leur* tour, qui interrompent les autres sans arrêt et qui ne se rendent pas compte des dangers. L'hyperactivité se traduit également par un bavardage incessant, surtout à l'école, et par une quasi-impossibilité à rester assis tranquillement. Beaucoup d'enfants souffrant de ce syndrome se révèlent, en outre, maladroits : ils renversent des choses et font des taches lors des repas, ils se bousculent et cassent des choses. Ils ont également du mal à apprendre à

La mémoire de travail ne fonctionne pas très bien chez les enfants souffrant du syndrome TDAH. Grâce à certains jeux vidéo, on peut améliorer cette capacité. Image gracieusement prêtée par Torkel Klingberg, par ailleurs responsable du développement de ce traitement par informatique.

se servir d'un couteau quand ils mangent, à lacer leurs chaussures ou à jouer au ballon.

Il est prouvé qu'un grand nombre d'heures passées devant la télé ou à des jeux vidéo augmente le risque de TDAH. Le changement rapide d'images et le zapping, accompagnés d'informations textuelles, peuvent perturber le trafic de signaux électriques dans un cerveau immature. La télévision dessert la capacité à se concentrer sur une chose à la fois. Récemment, un psychologue américain a ainsi démontré que les enfants qui regardaient la télé plus de trois heures par jour devenaient plus inquiets et rencontraient plus de problèmes à l'école.

Une autre série d'études a également établi que le fait de regarder la télévision de façon intense à un jeune âge augmentait le risque de développer un syndrome TDAH. Il y aurait aussi un risque accru d'obésité. En se fondant sur ces études, l'American Academy of Pediatrics (AAP) a recommandé que les enfants ne regardent pas la télévision avant 2 ans et que, passé 2 ans, ils ne la regardent pas plus d'une à deux heures par jour.

Maintenant, comment savoir si un enfant souffre vraiment de TDAH et s'il nécessite un traitement médical ? Pour commencer, il existe un facteur héréditaire : si l'un des deux parents a eu des troubles de l'attention ou des problèmes du même ordre, alors il y a un risque sensiblement accru que leur enfant en soit atteint. Cela dit, aucun gène spécifique qui pourrait donner lieu à un TDAH s'il est endommagé n'a été identifié. Une naissance prématurée ou une mère qui fume pendant sa grossesse semble augmenter les risques. Au bout du compte, il semblerait donc qu'on trouve une combinaison de facteurs héréditaires et environnementaux à l'origine du TDAH.

Par ailleurs, on a découvert que certains de ces enfants présentaient une perturbation dans le cortex frontal et dans des parties basales du cerveau. On sait que le cerveau antérieur est essentiel pour la mémoire de travail et pour le contrôle volontaire des mouvements. Les noyaux gris centraux sont également importants pour la motricité. L'âge aidant, des perturbations survenant dans cette région peuvent provoquer une maladie de Parkinson. Comme il est certain que la dopamine est un médiateur chimique déterminant pour le contrôle des mouvements, il est logique qu'un traitement médical qui augmente l'effet de la dopamine améliore considérablement l'état d'un enfant TDAH. Le médicament le plus couramment utilisé à cette fin est le méthylphénidate (Ritaline®). Ce médicament étant proche des amphétamines, qui sont des substances narcotiques d'une relative banalité, on a remis en cause son administration, tout particulièrement en Suède. Pour autant, le risque que les enfants ayant été traités à la Ritaline deviennent plus tard des toxicomanes est estimé infime. Il existe même des études prouvant que ce risque est moindre.

Signalons, pour conclure, qu'une méthode pédagogique prometteuse a été mise au point en Suède. Elle consiste à exercer la mémoire de travail à l'aide d'un jeu vidéo spécifique. Une demi-heure par jour, les enfants TDAH s'entraînent à apprendre des séquences de cases lumineuses à l'intérieur d'une matrice. On augmente alors progressivement le degré de difficulté. Les enfants qui ont suivi cet entraînement se sont sensiblement améliorés par rapport aux enfants qui jouaient à de simples jeux vidéo. La combinaison d'un entraînement comportemental et d'un traitement médical est ce qui semble donner les meilleurs résultats.

CHAPITRE 17

De Locke à Spock

Une académicienne anglaise, mère de quatre enfants, Christina Hardyment, a voulu savoir avec précision comment elle devait s'occuper de ses enfants et les éduquer. Elle a donc commencé à lire consciencieusement toute la littérature existant sur le sujet. Elle a découvert à cette occasion que l'on pouvait faire son miel de presque n'importe quelle idée, depuis l'éducation libre prônée par Jean-Jacques Rousseau jusqu'à la discipline de fer des calvinistes. Parvenue au terme de ses recherches, elle a publié un livre intitulé *Dream Babies. Child Care from Locke to Spock (L'Enfant rêvé. L'éducation de Locke à Spock)*.

John Locke est un philosophe qui a vécu au XVIIe siècle et qui, d'une certaine manière, a promulgué une vision moderne de l'enfant. Avant lui, l'enfant était considéré comme un petit adulte, de moindre valeur. Il naissait avec un statut de pécheur et son destin était plus ou moins écrit si, du moins, il survivait. Locke a écrit l'un des premiers livres de pédagogie. Il est parti de l'idée que le cerveau, à la naissance, était une sorte de feuille blanche. Si l'enfant recevait une éducation adéquate, alors il pouvait apprendre à devenir un bon citoyen. Outre lui inculquer le savoir dans un esprit annonçant les Lumières, Locke recommandait que l'enfant dorme sur une planche dure et qu'il prenne des bains froids.

Après Locke, c'est au tour de Jean-Jacques Rousseau de s'intéresser à la pédagogie. Dans son livre, *Émile*, il part du principe que les enfants sont bons à la naissance et que ce sont les adultes qui leur apprennent le mal, sous forme de pensées ou d'actions. En conséquence, les enfants doivent grandir librement, sans être sollicités d'aucune façon par les adultes. Le résultat s'est évidemment avéré catastrophique.

Au début des années 1900, on tente d'appliquer les nouvelles observations scientifiques aux enfants et à leur éducation. Les behavioristes tirent leur inspiration des expériences menées sur les réflexes conditionnés du chien qui ont été réalisées par Pavlov, le physiologiste russe. Si on les suit, un enfant qui fait quelque chose de mauvais doit recevoir une fessée. Pour le reste, il doit manger, se coucher et faire ses besoins à des heures précises.

Ensuite viennent les théories de Freud sur les pulsions subconscientes, auxquelles l'enfant doit pouvoir donner libre cours. Quelque temps plus tard, le pédiatre Benjamin Spock comprend qu'il vaut mieux faire connaître Freud par petites touches si on veut l'intégrer à la prude société américaine. Spock comprend que les bébés ont un besoin de succion très fort et s'oppose à la doctrine habituelle selon laquelle on doit leur bander les mains pour les empêcher de sucer leur pouce, ou encore les punir s'ils ne veulent pas s'asseoir sur le pot. Ce pédiatre américain est à l'origine de la plus grande tolérance montrée face aux besoins et aux désirs des enfants. Les règles rigides concernant les repas et l'heure du coucher sont assouplies. Pour le reste, Spock était un pédiatre compréhensif, qui avait compris que la pédiatrie consiste en grande partie à informer et soutenir les parents. Il s'est toujours montré disponible, consultant même par téléphone sans exiger de frais supplémentaires. C'était aussi un démocrate libéral, soutenant les candidats progressistes à la présidence. Il a notamment défilé aux côtés de Martin Luther King et a été emprisonné après une manifestation contre la guerre au Vietnam. Les Républicains américains estimaient, quant à eux, que c'était la faute du Dr Spock si les jeunes devenaient des criminels et si les étudiants de 1968 se révoltaient.

La raison pour laquelle le livre de Spock a rencontré un tel succès aux États-Unis tient au fait que ce pédiatre comprenait bien les problèmes que rencontraient les jeunes familles. À l'époque, un enfant qui refuse de manger constituait l'un des problèmes majeurs rencontrés par les mères et les grands-mères. On imagine la jeune maman et sa propre mère qui, moyennant force exhortations, tentent de convaincre un enfant de 3 ans de manger. L'enfant crache, il souffle, il s'intéresse à tout sauf à son assiette. Lorsque le père rentre du travail, l'humeur n'est pas à l'optimisme. Que doit-on faire dans ce cas, Dr Spock ? Eh bien, le père doit remettre son imperméable et reprendre sa Chevrolet. Ensuite il doit faire des tours de quartier avec sa voiture. Moyennant quoi, chaque fois que l'enfant récalcitrant voit la voiture de papa, il accepte d'avaler une cuillère de nourriture de la main de maman ou de grand-mère, et le bonheur familial est ainsi restauré.

S'il s'agit d'informer les parents sur les conditions de leur cohabitation avec leurs enfants, il est clair que c'est Berry Brazelton qui, aux États-Unis, a succédé à Spock en tant que pédiatre gourou. Brazelton insiste sur le fait qu'il est indispensable de prendre en compte le développement du cerveau et, notamment, le nombre de cellules nerveuses qui diminue avec l'âge, alors que la création de synapses n'est jamais aussi forte que durant les premières années de vie. On doit aussi beaucoup parler avec ses enfants, leur lire des contes, leur chanter des chansons, mais éviter la télévision.

En Grande-Bretagne et en Suède, les parents ont souvent lu et lisent encore les livres de Penelope Leach. Cette psychologue britannique a adopté une approche scientifique. L'une des critiques qu'on lui fait est que ses livres exigent des parents qu'ils ne cessent d'observer leurs enfants et qu'ils tiennent un journal des progrès réalisés. Leach semble penser que les parents sont tous des psychologues ou des médecins... Si l'on ne fait pas confiance aux experts, on peut alors lire les ouvrages d'Anna Wahlgren. Ses conseils se fondent sur sa propre expérience, qui n'est pas négligeable, et sur le bon sens. Elle donne des conseils pratiques aux parents à court d'idées, comme de laisser son enfant se fatiguer en criant ou d'aller dormir au lieu de le prendre dans les bras. Le bon sens n'est pourtant pas la science, et s'il peut, par exemple, sembler plus naturel et plus raisonnable de laisser un enfant dormir sur le ventre comme l'ont recommandé Spock et Wahlgren, les faits scientifiques sont là qui montrent que cette position quadruple le risque de mort subite chez le nourrisson.

De nos jours, on ne parle plus d'éduquer ses enfants. Ainsi, dans les années 1990, quand la Direction nationale suédoise de la santé publique et de la prévoyance sociale a publié des conseils aux parents pour bien s'occuper de leurs enfants, le titre du fascicule, dont l'auteur était un pédiatre du nom de Lars H. Gustafsson, était de façon significative « Vivre avec des enfants ».

Les neurosciences peuvent-elles aujourd'hui nous apprendre à vivre avec nos enfants ?

Quand Spock a publié la première édition de son livre, juste après la Seconde Guerre mondiale, on ne savait pas grand-chose sur le lien entre le développement du cerveau et le comportement. Les recherches sur la micro-anatomie cérébrale ont fait de grands progrès au cours des années 1950 et 1960, notamment grâce au microscope électronique et aux nouvelles méthodes de coloration des cellules nerveuses. Mais il n'y avait guère, à l'époque, de communication entre les neuroscientifiques et les psychologues pour enfants. Le cerveau de l'enfant est dès lors resté telle une boîte noire. Aujourd'hui, la situation est foncièrement différente. On commence à visualiser ce qui se passe dans le cerveau d'un bébé qui gazouille et regarde sa mère, ou qui a peur quand il voit un inconnu, etc. Le temps est peut-être venu d'adapter notre vie de famille aux nouvelles connaissances dont on dispose sur le cerveau de l'enfant.

Entraîner le cerveau du nourrisson

Est-ce la peine d'entraîner le cerveau d'un nourrisson ? Qu'un enfant ait besoin d'être stimulé est un fait. Je l'ai déjà dit, les études menées dans des orphelinats ont montré que les petits enfants qui n'ont bénéficié d'aucune stimulation ont d'un développement retardé qu'il est difficile de rattraper ensuite (voir Chapitre 13, page 163). Cela dit, on peut à l'inverse s'interroger sur la possibilité d'accélérer le développement. En 1997, le couple présidentiel Bill et Hillary Clinton a organisé une conférence à la Maison Blanche avec tout ce que les États Unis comptent d'experts sur le cerveau de l'enfant. Lors de cette conférence, la conclusion qu'il était utile d'encourager les parents à entraîner leurs enfants au plus vite s'est imposée. On a recommandé aux parents de toujours parler à leurs enfants. On a décrété que les enfants devaient prendre des leçons de piano ou de violon le plus tôt possible. On a encouragé les parents à faire la lecture à haute voix à leurs enfants, toujours dans l'idée de stimuler le cerveau pendant son développement. Les résultats de l'étude qui servait de support à ces recommandations ont suscité un énorme intérêt, et la neurobiologiste Carla Shatz (voir Chapitre 5, page 70) a fait l'objet d'articles parus dans *Newsweek* et *Time Magazine*.

L'importance qu'il y a à ne pas rater les périodes critiques de l'apprentissage cérébral a été tout particulièrement soulignée. On s'est référé à la découverte de Hubel et Wiesel sur la vision, laquelle, pour être performante, doit être stimulée dès la naissance (voir Chapitre 8, page 116). Et on a commencé à parler de période critique, non seulement pour la vision et la perception du monde environnant, mais pour l'apprentissage des langues, des mathématiques ou de la musique.

En l'occurrence, l'objectif de la campagne américaine était surtout de stimuler les enfants issus de milieux défavorisés. Elle a toutefois été critiquée, car elle n'a pas semblé reposer sur les fondements scientifiques nécessaires. La possibilité de stimuler le développement cérébral a ainsi été remise en question, notamment par le psychologue américain John T. Bruer qui a publié un livre intitulé *Tout est-il joué avant 3 ans ?*

Ce que Bruer entendait signifier, c'est, en premier lieu, qu'il est faux de considérer que l'entraînement intensif d'un petit enfant conduit à un meilleur développement de ses synapses. Dans les faits, il y a d'abord création synaptique, et seulement après apprentissage. Une grande partie de cet apprentissage est liée au fait qu'on s'est débarrassé du surplus de cellules nerveuses et de synapses. En place de l'adage *Use it or lose it* (« servir ou disparaître »), Bruer propose de subtituer : *Some you use, some you lose* (« servir pour les uns, disparaître pour les autres »). D'autre part, même si l'on doit reconnaître l'existence de périodes critiques pour l'apprentissage, cela ne veut pas dire que toute possibilité d'apprendre disparaît ensuite. Les enfants ne sont pas comme les oisillons de Lorenz qui ont besoin, pour suivre leur mère, de la voir, elle ou une figure maternelle, dans les quinze heures qui suivent leur naissance. Enfin, toujours selon Bruer, rien ne prouve que le cerveau se développe mieux si un enfant grandit dans un environnement enrichissant et diversifié. Ce mythe repose en effet sur des études qui ont été effectuées il y a une vingtaine d'années et qui montraient que la création synaptique était plus importante chez des rats vivant en cage, mais disposant d'un environnement relativement ludique, que chez des rats qui grandissaient dans des cages normales et tristes. Néanmoins, une incertitude demeure : peut-on conclure, à partir de telles expériences, que le cerveau d'un petit enfant se développera de manière optimale plutôt s'il apprend à parler une deuxième langue très tôt ou à jouer d'un instrument que s'il passe son temps à s'amuser dans la cour de la maison ?

La réponse aux critiques de Bruer ne s'est pas fait attendre. Le neurologue pour enfants Peter Huttenlocher a ainsi soutenu que Bruer datait dans sa réflexion. Ses critiques auraient peut-être été valables vingt ou trente ans plus tôt, mais il était désormais établi que le cerveau doit être stimulé pendant les périodes critiques. C'est particulièrement vrai pour la musique. Pour développer l'oreille absolue, un enfant doit s'entraîner à un stade précoce. Bien sûr, il est incontestable qu'un bon violoniste ou un bon pianiste doit apprendre à jouer très tôt. Certaines études de neurobiologie pourraient très bien expliquer pourquoi. Néanmoins, des chercheurs allemands ont démontré que la partie du cortex cérébral qui est impliquée dans les mouvements du pouce et de l'auriculaire est aussi plus importante chez les musiciens qui jouent d'un instrument à cordes. Peu importe, donc, le nombre d'heures par jour pendant lesquelles on joue ; en revanche, plus un musicien commencera tôt la musique, et plus la surface du cortex cérébral mobilisée sera importante. D'autres travaux ont aussi montré que cela valait la peine de stimuler les enfants, surtout s'ils sont très défavorisés, à l'aide de jouets pédagogiques, de livres lus à haute voix ou d'apprentissages précoces. Dans une étude américaine, par exemple, des nourrissons ont été tirés au sort pour suivre une formation intensive jusqu'à l'âge de 5 ans, les autres formant un groupe témoin sans mesures spécifiques. Il s'est avéré que les enfants qui avaient été stimulés, quand ils passaient différents tests à l'âge de 15 ans, obtenaient en moyenne 10 % de points de plus.

Mais, s'il n'est pas très important de lire des histoires à haute voix à son enfant ou de veiller à ce qu'il s'amuse avec des jouets pédagogiques, on peut tout aussi bien le placer devant la télé si l'on n'a pas le temps de s'occuper de lui, non ? Que devons-nous croire aujourd'hui en tant que parents ? Les neurosciences nous ont-elles vraiment appris quelque chose sur la manière d'éduquer nos enfants ? En vérité, nous sommes seulement au début d'un long processus de compréhension de la manière dont le réseau cérébral est influencé par les stimulations extérieures et les apprentissages. Le conseil qu'Albert Einstein a un jour donné à une mère qui voulait savoir ce que son enfant devait faire pour réussir comme lui comporte une grande part de vérité, à mon sens. Et que disait-il ? « Lisez des histoires à votre enfant ! »

CHAPITRE 18

Le respect des droits de l'enfant

Un niveau de mortalité peu élevé chez les nourrissons est un indicateur du niveau de vie atteint par un pays. Plus largement, la qualité des soins prodigués aux enfants prématurés ou aux enfants nécessitant des soins spécifiques est une bonne mesure du degré de civilisation. Sur ces deux plans, un pays comme la Suède arrive en tête de liste. Peut-être est-il même le premier au sein de l'Union européenne.

Le droit de vivre des enfants n'était pas une évidence aux débuts de la civilisation occidentale, c'est-à-dire dans la Grèce de Platon et d'Aristote, où les enfants malformés et non désirés étaient tués. Il n'y avait alors que le judaïsme pour considérer cet acte comme un crime. Cette idée sera reprise plus tard par le christianisme. Dans le Coran, il est dit que le fœtus acquiert dignité humaine après environ cinq mois de grossesse, lorsqu'il est déjà formé. À ce stade, maltraiter une femme et entraîner une fausse couche est susceptible de peine pèse mort.

Actuellement, la conception des Grecs anciens semble en passe de ressusciter. Par exemple, le philosophe australien Peter Singer a ainsi soutenu que les enfants gravement handicapés pouvaient être euthanasiés, à la manière dont on pratique un avortement. Pour lui, les très grands prématurés manquent de conscience et d'une âme, et il est possible, pour cette raison, de pratiquer l'euthanasie afin de les « remplacer » par de nouveaux enfants. D'un point de vue utilitariste, une telle décision entraîne, en effet, un moins grand malheur ou un plus grand bonheur pour la plupart des personnes concernées.

En revanche, en Suède, l'idée générale est que l'on doit mettre en œuvre tout ce qui est possible pour sauver les très grands prématurés et les enfants qui sont très malades. Cette attitude a toujours été une évidence pour moi dans ma pratique de la néonatologie. Certes, certains de ces enfants deviennent plus tard des adultes handicapés, mais la majorité d'entre eux survit et une grande partie est en bonne santé. Certes, les enfants très prématurés ont en général une vue et une audition un peu moins bonnes, certes ils ont aussi des problèmes de motricité et de perception, mais si on les interroge quand ils ont atteint une vingtaine d'années, on entend le plus grand nombre déclarer qu'ils sont contents, voire très satisfaits de leur vie.

La situation a changé en quelques décennies. Par le passé, entre 80 et 90 % des enfants naissant avec un poids inférieur à 1 000 grammes mouraient. Aujourd'hui, entre 80 et 90 % des enfants qui naissent avec un poids inférieur à 1 000 grammes survivent – cela représente environ 200 enfants par an dans un pays comme la Suède. Si la grossesse est supérieure à 25 semaines et que le bébé pèse plus de 750 grammes, le pronostic est très bon. Les problèmes graves ne surviennent que si l'enfant n'a pas encore atteint 24 semaines et qu'il pèse moins de 500-600 grammes. Soigner ces « enfants fœtus » hors de l'utérus maternel constitue un défi immense pour les infirmières et les médecins des services de néonatologie. Une série d'études a montré que le cerveau de très grands prématurés ne s'organise pas normalement et que le nombre de circonvolutions et de sillons est moins important que chez les autres nouveau-nés. Dans les faits, environ la moitié de ces bébés deviennent plus tard handicapés. Les autres peuvent sembler plutôt normaux à l'âge de 2 ans, mais ils peuvent néanmoins rencontrer des problèmes à l'école et dans leur vie professionnelle.

La question sur la ligne à tenir dans ce genre de cas a été discutée lors d'une réunion à l'Académie royale des sciences de Suède en septembre 2004. Différentes stratégies ont été présentées. En Belgique et en Hollande, on pratique l'euthanasie. Si l'enfant est jugé très gravement handicapé, on cesse le traitement, et on lui administre éventuellement aussi des doses élevées d'analgésiques pour accélérer la mort. En France, cette démarche n'est pas légale, mais, en pratique, certains bébés présentant des lésions cérébrales sont euthanasiés sans que les parents en soient informés. Il existe des protocoles officieux précisant la marche à suivre pour « l'arrêt de vie » – cela n'est évidemment pas ouvertement reconnu. En Grande-Bretagne, on est moins strict vis-à-vis de la loi, et on applique une politique plus personnalisée qui prend en compte le point de vue des parents. En Suède, faire ce qui est fait en Hollande ou en France serait totalement inacceptable. On peut, à la limite, imaginer d'arrêter ou de ne pas débuter un traitement par ventilation artificielle pour que l'enfant ne puisse pas survivre aux lésions graves dont il souffre. Mais il est difficile de prédire qu'un enfant va développer un handicap d'ordre neurologique. Il faut parfois beaucoup de temps pour disposer de suffisamment d'informations sur un enfant : pendant tout ce temps, s'il survit, il arrive qu'il respire naturellement si l'on arrête le traitement par ventilateur, mais il risque aussi de devenir gravement handicapé. Mon sentiment personnel est que l'on doit miser sur l'enfant prématuré qui semble conscient, ou qui peut développer totalement une conscience humaine. Un bébé de 26 semaines avec qui l'on établit un contact visuel doit recevoir des soins hospitaliers complets. En revanche, s'il paraît totalement inconscient et que le lobe frontal de son cerveau est endommagé, alors le risque est très élevé qu'il ne puisse développer de conscience propre ou la capacité de se souvenir du passé et de se projeter dans l'avenir. En ce cas, on peut effectivement émettre des doutes sur l'intérêt à poursuivre le traitement. Le problème reste qu'on ne sait pas grand-chose sur l'origine de la conscience. Les chercheurs en neurosciences ont longtemps considéré qu'il n'était pas très sérieux de travailler sur un tel sujet. Le développement de nouvelles méthodes pour visualiser la manière dont le cerveau du petit enfant traite les impressions sensorielles et comment il pense permettra peut-être d'en savoir davantage sur les processus de conscience.

Pour conclure, il me semble important, une fois encore, de répéter qu'il est de notre devoir de prendre en charge ces tout petits enfants (mais seulement dans des centres de soins hautement spécialisés) et d'intensifier les recherches sur le développement du cerveau. Cette connaissance est, en effet, fondamentale si l'on veut comprendre l'origine de la conscience humaine. Il est également essentiel d'approcher cette question avec humilité. Aujourd'hui, toute discussion constructive est bloquée par les accusations réciproques que profèrent les partisans d'une attitude biblique fondamentaliste (les *pro-life)* et les eugénistes qui misent sur le surhomme dans un esprit utilitariste.

Médaillons avec des nourrissons de la Maison des enfants trouvés (orphelins) à Florence.

Références bibliographiques

1. Genèse du cerveau et fonctionnement :
petite perspective historique

J.-P. Changeux, *L'Homme neuronal*, Paris, Fayard, 1985.
G. Edelman, *Biologie de la conscience*, Paris, Odile Jacob, 1992.
H. Lagercrantz, M. Hanson, P. Evrard, C. Rodeck, *The Newborn Brain, Neuroscience and Clinical Applications*, Cambridge, Cambridge University Press, 2002.

2. L'apparition de l'axe rostro-caudal est l'événement le plus
important de la vie

W. J. Larsen, *L'Embryologie humaine*, Bruxelles, De Boeck, 2003.
L. Wolpert, *Biologie du développement. Les grands principes*, Paris, Dunod, 2004.

3. La grande migration des neurones

H. Lagercrantz, M. Hanson, P. Evrard, C. Rodeck, *The Newborn Brain, Neuroscience and Clinical Applications,* Cambridge, Cambridge University Press, 2002.
M. Specter, « Rethinking the Brain », *in* M. Ridley (éd.), *The Best American Science Writing*, New York, Harper Collins, 2002.

4. LE RÉSEAU CÉRÉBRAL : SURVIVRE OU DISPARAÎTRE

J.-P. BOURGEOIS, « Synaptogenèses et épigenèses cérébrales », *Medicine/Sciences* 2005, 21, p. 428-433.

D. PURVES *et al.*, *Neuroscience, Sinauer*, Sunderland (MA), 2004.

5. LE FŒTUS ACTIF

P. W. NATHANIELSZ, *Life before Birth and a Time to be Born*, New York, Promethean Press, 1992.

R. SOKOL *et al.*, « Fetal alcohol spectrum disorder », *JAMA*, 2003, 290, p. 2996-2999.

6. LA NAISSANCE DU BÉBÉ

H. LAGERCRANTZ et T. SLOTKIN, « The stress of being born », *Scientific American*, 1986, 100-108.

M. LEVENE *et al.*, *Fetal and Neonatal Neurology and Ned Neurosurgery*, Churchill Livingstone, 2001.

7. LE CERVEAU NÉ PRÉMATURÉMENT

D. MELLIER, « Les bébés nés prématurément », *in* R. Lécoyer (éd.), *Le Développement du nourrisson*, Paris, Dunod, 2004.

T. LISSAUER et A. FANAROFF, *Neonatology at a Glance*, New York, Blackwell, 2006.

8. UN BROUILLARD QUI SE LÈVE

A. GOPNIK, A. MELTZOFF, P. KUHL, *Comment pensent les bébés ?*, Paris, Le Pommier, 2005.

9. LA MÉMOIRE DU NOUVEAU-NÉ

J.-P. CHANGEUX, *L'Homme de vérité*, Paris, Odile Jacob, 2004.

J. MEHLER, E. DUPOUX, *Naître humain*, Paris, Odile Jacob, 1990.

10. L'ORIGINE DE LA CONSCIENCE

J.-P. CHANGEUX, *L'Homme de vérité*, Paris, Odile Jacob, 2004.

R. COTTERILL, *Enchanted looms*, Cambridge, Cambridge University Press, 1998.

R. M. J. COTTERILL, « Cyberchild », *J. of Consciousness Studies*, 2003, 10, p. 31-45.

G. CSIBRA *et al.*, « Object processing in the infant brain », *Science*, 2001, 292, p. 163.

G. MARCUS, *The Birth of the Mind*, New York, Basic Books, 2004.

P. ROCHAT, « Five levels of self-awareness as they unfold early in life », *Consciousness and Cognition*, 2003, 12(4), p. 717-731.

J. SEARLE, *Le Mystère de la conscience*, Paris, Odile Jacob, 1999.

11. L'INSTINCT DU LANGAGE

M. BARINAGA, « A critical issue for the brain », *Science*, 2000, 288, p. 116-119.

B. DE BOYSSON-BARDIES, *Comment la parole vient aux enfants*, Paris, Odile Jacob, 1996.

G. DEHAENE-LAMBERTZ, S. DEHAENE, L. HERTZ-PANNIER, « Functional neuroimaging of speech perception in infants », *Science,* 2003, 298, p. 2013-2015.

A. GOPNIK, A. MELTZOFF, P. KUHL, *Comment pensent les bébés ?*, Paris, Le Pommier, 2005.

K. KARMILOFF, A. SMITH, *Pathways to Language : from Fetus to Adolescent*, Harvard University Press, 2001.

R. LÉCUYER, *Le Développement du nourrisson*, Paris, Dunod, 2004.

S. PINKER, *L'Instinct du langage*, Paris, Odile Jacob, 1999.

S. PINKER, *Comprendre la nature humaine*, Paris, Odile Jacob, 2005.

S. THORNTON, *Growing Minds*, Palgrave, McMillan, 2002.

12. L'IMPORTANCE DE LA MUSIQUE

P. G. HEPPER, « Fetal soap addiction », *The Lancet*, 1988, 8598, p. 1347-1348.

J. MEHLER, E. DUPOUX, *Naître humain*, Paris, Odile Jacob, 1990.

M. R. ZENTNER, J. KAGAN, « Perception of music by infants », *Nature*, 1996, 383, p. 29.

13. CONDITIONNEMENT, LIENS AFFECTIFS ET INTERACTION SOCIALE

T. INSEL, « The neurobiology of attachment », *Nature Reviews Neuroscience*, 2001, 2, p. 129-135.

J. R. HARRIS, *The Nurture Assumption*, Bloomsbury, 1998,

E. KANDEL, *The Basis of Neuroscience*, 2002.

M. KLAUS, « Mother and infant : early emotional ties », *Pediatrics*, 1998, 102, p. 1244-1246.

14. HÉRÉDITÉ ET ENVIRONNEMENT : L'IMPOSSIBLE DÉBAT

D. KIMURA, *Cerveau d'homme, cerveau de femme ?*, Paris, Odile Jacob, 2001.

S. PINKER, *Comprendre la nature humaine*, Paris, Odile Jacob, 2005.

R. Restak, *The New Brain, How the Modern Age is rewiring your Mind*, Rodale, 2003.

M. Ridley, *Nature via Nurture*, Londres, Fourth Estate, 2003.

O. Sacks, *Un anthropologue sur Mars*, Paris, Seuil, 1996.

B. Sykes, *La Malédiction d'Adam*, Paris, Albin Michel, 2004.

15. Les jalons de l'enfance

B. de Boysson-Bardies, *Comment la parole vient aux enfants*, Paris, Odile Jacob, 1996.

N. Herschkowitz, J. Kagan, K. Zilles, « Neurobiological bases of behavioural development in the first year », *Neuropediatrics*, 1997, 28, p. 294-306.

P. Huttenlocher, *Neural Plasticity*, Cambridge, Harvard University Press, 2002.

R. Lécuyer, *Le Développement du nourrisson*, Paris, Dunod, 2004.

16. Les développements cérébraux divergents

G. Murphy, « Lost for words », *Nature*, 2003, 425, p. 340-342.

K. Wong, « The search for autism's roots », *Nature*, 2001, 411, p. 882-884.

17. De Locke à Spock

J. Bruer, *Tout est-il joué avant trois ans ?*, Paris, Odile Jacob, 2002.

P. Huttenlocher, « Basic neuroscience research has important implications for child development », *Nature Neuroscience*, 2003, 541.

Index

Accouchement : 83-84, 86, 88-89, 92-93, 95, 104, 158, 160
Acétylcholine : 21-23, 64
Acide folique : 32-33
Acides aminés : 23, 52, 96, 116
Adrénaline : 78, 89-90
Âge
  – 6 semaines : 13, 161, 163, 186
  – 2 mois : 118, 128, 138, 148, 164
  – 3 mois : 144, 162, 186
  – 4 mois : 139, 144, 162, 186
  – 5 mois : 143, 187
  – 6 mois : 127, 138, 146-147, 149, 187
  – 7 mois : 127, 139, 144, 147, 162, 187-188
  – 8 mois : 115, 118, 120, 127, 138-139, 187-188
  – 9 mois : 127, 162, 184, 189
  – 10 mois : 184, 189
  – 12 mois : 58, 127, 148, 189
  – 15 mois : 189-190
  – 18 mois : 127, 140, 145, 184, 189-190, 197
  – 2 ans : 52, 58, 64, 119, 139-140, 145, 181, 184, 190-191, 204, 217
  – 3 ans : 13, 20, 111, 119, 128, 140, 145, 148, 184, 192, 209, 212
  – 4 ans : 128, 141, 166, 192-193
  – 5 ans : 57, 140, 193-194, 214
  – 6 ans : 166, 181, 184
  – 7 ans, et au-delà : 57, 105, 149, 181, 191, 194
Aire somatosensorielle : 51
Alcool : 48, 79, 81, 112, 167, 174
Als, Heidelise : 106-107, 110
Alvéoles pulmonaires : 75, 82-83, 100
Alzheimer, maladie d' : 39
Amygdale : 19, 126, 163, 185
Anencéphalie : 31
Angoisse de séparation : 163
Anomalie de Peter : 35
Antigènes de transplantation : 200
Apgar, test d' : 95

Apgar, Virginia : 95
Aphasie : 17, 104, 201
Aristote : 15, 215
Aspartate : 23, 96
Asphyxie : 93-97
Astroglie : 52
Autisme : 35, 48, 169, 198-200
Avortement : 31, 40, 68, 74, 138, 216
Axe rostro-caudal : 12, 25-26, 28, 30, 34
Axelrod, Julius : 22
Axone : 17, 23, 48-49, 55-56, 184

Baars, Bernard : 132
Babillage : 144-145
Bartocci, Marco : 121-122
BDNF, facteurs de croissance neuronale : 45, 59-61
Bébé virtuel : 129-131, 135
Behavioristes : 169, 208
Bergson, Henri : 131
Beyley, Nancy : 190
Beyley, test de : 190
BMP, protéine osseuse morphogénétique : 28-29
Bourgeois, Jean-Pierre : 58, 63
Brazelton, Berry : 209
Broca, aire de : 17, 162, 200-201
Broca, Paul : 17
Bruer, John T. : 212-213

Cajal, S. Ramón y : 14, 18-20, 23, 45, 49
Canal artériel : 100-101
Cataracte : 116
Cellules Cajal-Retzius : 14, 45
Cellules gliales : 52, 65
Cellules nerveuses : 18-20, 44, 63, 65, 68, 71, 77, 113, 134, 149, 161, 184, 191, 210-211, 213
Cellules nerveuses pyramidales : 53
Cellules souches : 30, 42-44, 68
Cellules souches neurales : 42
Centre de la parole : 17, 183, 192

Chalmers, David : 131
Changeux, Jean-Pierre : 132
Chomsky, Noam : 144, 147
Chromosomes : 34, 177, 199
 – chromosome X : 175, 177
 – chromosome Y : 175-177
Circonvolutions cérébrales : 47-48, 65-66, 106, 148, 189, 217
Clitoris : 178
CMV, cytoméalovirus : 44, 101
Cochlée : 119-120
Colostrum : 121-122
Communication : 62, 64, 197
Conditionnement : 157-158, 160-161
Cône de croissance : 49-50
Conscience : 26, 129, 131-136, 138-141, 189, 216, 218
Cortex auditif : 51, 186
Cortex cérébral : 20, 23, 41-43, 45-49, 53, 57, 65-66, 79, 91, 94, 111-112, 132-133, 135, 163, 174, 178, 184-187, 195, 214
Cortex préfrontal : 135, 195
Cortex visuel : 51, 70, 116-118, 185-186
Cotterill, Rodney : 129-130
Crête neurale : 31
Cytokine : 103-104
Cytomégalovirus, *voir* CMV

Dale, Henry : 21
Dehaene, Stanislas : 132
Démence : 61, 186
Dendrite : 17, 23, 55, 63, 65, 184
Descartes, René : 15-16, 86
Difficultés de lecture et d'écriture, *voir* Dyslexie
DiGeorge, syndrome de : 35
Diplégie spastique : 102, 111
Dopamine : 16, 23, 81, 93, 103, 135, 157, 204
Drogues : 48, 79, 112, 158, 205
Dyslexie : 199-200

Eccles, John : 21-22, 135
Échographie : 31, 72, 93, 101, 103
Éducation : 169-170, 174, 208
EEG, électroencéphalogramme :
  75, 96, 138
Einstein, Albert : 214
Émotions : 131, 152, 185
Encéphalocèle : 31
Endorphines : 67, 90
Épiblaste : 30
Eriksson, Peter : 41
Éveil : 72, 76, 90-91, 107, 131, 135-
  137

Facteurs de croissance neuronale,
  voir BDNF
Féminin-Masculin : 175, 177-178
Feuillets germinatifs : 30
Fibres gliales : 45-46
Flodmark, Olof : 101
Fœtus
  – douleur : 67-68
  – goût : 68
  – mouvements : 71-74
  – odorat : 68
  – ouïe : 44, 69-70
  – respiration : 75-76, 80, 82-83, 93-
  94
  – toucher : 67
  – vue : 70
Formation de nouvelles cellules :
  39-41, 43, 68
Formation des cellules nerveuses :
  31, 37, 41-42, 58, 63, 79, 173
Freud, Sigmund : 99, 184, 208

GABA, acide gamma-aminobutyri-
  que : 23, 47, 64, 79
Gage, Fred : 41-42
Galien : 15-16
Gall, Franz Joseph : 16-18
Galton, Francis : 168-169
Gastrulation : 11-12, 30

Gènes : 8, 28, 30, 33-36, 61, 64, 68,
  91, 105, 119, 146, 160, 168-171,
  173-175, 177, 204
  – chordine : 28-29
  – homéotiques : 34-35
  – noggine : 28-29
Génotype : 34, 68, 101, 167, 171
Glie radiale : 52
Glutamate : 23, 45, 52, 96
Golgi, Camillo : 14, 17-19
Gould, Elisabeth : 41
Goût : 120-121, 126, 198
Graisse brune : 82
Gustafsson, Lars H. : 210

Habituation : 125-126
Hamburger, Victor : 58-59
Hardyment, Christina : 207
Hebb, Donald : 77, 170
Heidegger, Martin : 26, 58
Hémiplégie : 111
Hémorragie cérébrale : 53, 101-
  102, 104-105, 107, 113, 201
Hernie du cerveau, *voir*
  Encéphalocèle
Hippocampe : 41-42, 46, 127, 163,
  187
Hubel, David : 116-117, 212
Husserl, Edmund : 26
Hydrocéphalie : 32, 102

Imagerie par résonance magnéti-
  que, *voir* IRM
Imitation : 161-163
Induction : 26
Infirmité motrice cérébrale : 53,
  94, 101-102, 105, 111-112
Instinct maternel : 16, 160
Intelligence : 17, 86, 145-146, 171,
  173, 198, 200
IRM, imagerie par résonance
  magnétique : 110, 134, 148, 166,
  201

Jalons de l'enfance : 181, 190

Källén, Bengt : 36
Kandel, Eric : 125, 173
Kanizsas, carré de : 138-139
Katz, Bernard : 21-22

Langue : 128, 145-149, 178, 193, 212-213
Laroche, Jeanne : 101
Leach, Penelope : 210
Lésion cérébrale : 17, 40, 44, 48, 101-102, 104, 113, 166, 201-202, 217
Levi, Giuseppe : 59
Levi-Montalcini, Rita : 59
Lissencéphalie : 48
Lobe frontal : 17, 134-135, 163, 174, 184, 187, 192, 195, 218
Locke, John : 207-208
Locus coeruleus : 90-91
Loewi, Otto : 21
Lorenz, Konrad : 157-158

Maladie des membranes hyalines : 100
Malformation : 48, 116
Mangold, Hilde : 25-27
Manque d'oxygène : 74, 78, 80, 94, 104-105, 111-112
Marche : 103, 111, 189-190
Masculin-Féminin, *voir* Féminin-Masculin
MBD, Minimal Brain Damage : 202
Mehler, Jacques : 153-154
Mémoire à court terme : 126, 128
Mémoire à long terme : 126, 128, 151
Mémoire de travail : 127, 151, 162, 187, 203-205
Mémoire épisodique : 127, 185
Mémoire explicite : 189
Mémoire, mécanismes de la : 125
Mercure : 48
Mésoderme : 30

Métabolisme : 94, 96
Méthylation de l'ADN : 171
Méthylphénidate : 205
Migration des neurones : 39, 45-49, 52
Molécules d'adhésion : 45
Molécules de guidage : 49-50
Monoxyde de carbone : 81
Mort cellulaire programmée : 61, 63
Mort subite du nourrisson : 81, 123, 210
Mozart, Wolfgang Amadeus : 155
Musique : 77, 79, 151-155, 212-214
Myélinisation : 53, 195
Myéloméningocèle : 31

Nématode (ver) : 61
Nétrine : 49
Neurone miroir : 161-162
Neurone pyramidal : 23, 48-49
Neurotransmetteur : 21-23, 93
Newton, Isaac : 113, 198
NGF, Nerve Growth Factor, *voir* BDNF, facteurs de croissance neuronale
Nicotine : 81

Protéine osseuse morphogénétique, *voir* BMP

Spemann, facteur de : 26, 28-29
Spemann, Hans : 25-27
Spock, Benjamin : 208-211

TDAH : 79, 81, 168, 201-205
Tétraplégie : 111

Wiesel, Torsten : 116-117, 212
Wittgenstein, Ludwig : 198

Remerciements

Je tiens à remercier la Fondation Söderberg qui m'a permis de prendre le temps d'écrire ce livre.

Je remercie également chaleureusement les membres de la Commission de bioéthique de l'Académie royale des sciences pour leurs avis pertinents et, tout particulièrement, le professeur Inge Jonsson pour sa révision linguistique. Merci également à Viveca Karlsson, notre secrétaire universitaire, pour sa relecture du texte, et au professeur Urban Lendahl qui a relu les chapitres de biologie moléculaire. Le médecin Birgitta Böhm et le pédopsychiatre Magnus Kihlbom ont collaboré par leurs précieux points de vue aux chapitres traitant de psychologie infantile.

Je souhaite aussi remercier le professeur Charlotte Casper de l'Hôpital des enfants de Toulouse qui a relu la traduction française de ce texte. Le professeur Jean-Pierre Changeux m'a énormément inspiré lors de nos innombrables discussions. Merci au Fonds Descartes (Suède) pour sa participation aux coûts de traduction.

Merci, enfin, à mon épouse bien-aimée, Rose, pour son regard critique et ses encouragements.

Table

Préface ....

CHAPITRE PREMIER

Genèse et fonctionnement du cerveau : petite perspective historique

Le cerveau, siège de l'esprit 13
Le neurone 17

CHAPITRE 2

L'apparition de l'axe rostro-caudal est l'événement le plus important de la vie

Le facteur de Spemann 28
La notochorde est la baguette de chef d'orchestre
de l'embryon 30
La chasse aux gènes de régulation chez l'embryon 33
Le grossissement du cerveau
à l'aide du gène Sonic Hedgehog 36

CHAPITRE 3
La grande migration des neurones

200 000 nouveaux neurones par minute 42
La migration 45
Le grand saut 47
Perturbations dans la migration 48
Comment les neurones trouvent-ils leur chemin ? 48
Entendre l'éclair et voir le tonnerre 51
Le mastic du cerveau 52
Une conduction nerveuse plus rapide 53

CHAPITRE 4
Le réseau cérébral :
survivre ou disparaître

La création de synapses 57
Le philosophe qui a influencé les neurosciences
sans le vouloir 58
Les facteurs de croissance neuronale 59
Mort cellulaire programmée 61
Importance des impressions sensorielles
pour la formation des réseaux neuronaux 63

CHAPITRE 5
Le fœtus actif

Les impressions tactiles d'un fœtus 67
L'odorat et le goût 68
L'ouïe 69
La vue 70
Les mouvements 71
La respiration 74
Un fœtus s'entraîne 77
Quand il y a menace 78
Alcool, drogues et tabac 79
Un fœtus se prépare 82

CHAPITRE 6

La naissance du bébé

Le stress de la naissance 88
Le réveil 90
La césarienne 92
En cas d'asphyxie avant et pendant la naissance 93
Les séquelles après une asphyxie grave 94
Les mécanismes impliqués
dans les séquelles cérébrales 96

CHAPITRE 7

Le cerveau né prématurément

Le flux sanguin dans le cerveau prématuré 101
Quelle plasticité ! 104
Quand le cerveau est très prématuré 104
La croissance cérébrale 106
S'approcher des conditions utérines 106
Comment s'en sortent les enfants prématurés ? 110

CHAPITRE 8

Un brouillard qui se lève

La vue 115
Évaluer la vue chez un nourrisson 118
L'ouïe 119
L'odorat et le goût 120

CHAPITRE 9

La mémoire du nouveau-né

Les mécanismes impliqués 125
La mémoire de travail 127
La mémoire à long terme 128

CHAPITRE 10
L'origine de la conscience

Qu'est-ce que la conscience ? 131
La genèse de la conscience 135
La conscience du nourrisson 138
La prise de conscience de soi 139

CHAPITRE 11
L'instinct du langage

Le babillage 144
Le développement linguistique 145

CHAPITRE 12
L'importance de la musique

Apprend-on à préférer l'harmonie ? 152
Comment peut-on étudier les réactions
de l'enfant face à la musique ? 153

CHAPITRE 13
Conditionnement, liens affectifs et interaction sociale

L'instinct maternel 160
L'imitation 161
La peur de l'inconnu 162
L'interaction sociale 163

CHAPITRE 14
Hérédité et environnement : l'impossible débat

Du behaviorisme au tout génétique 169
Hérédité *et* environnement 170
Trop peu de gènes 173
Le chromosome Y est un chromosome violent 175
Éduquer un garçon comme une fille ? 176
Devenir un homme 177

CHAPITRE 15
Les jalons de l'enfance

La croissance fulgurante du cerveau entre 0 et 2 ans 184
L'organisation du cerveau entre 2 et 7 ans 191
La stabilisation du cerveau après 7 ans 194
L'entrée dans la vie adulte... 195

CHAPITRE 16
Les développements cérébraux divergents

L'autiste : un bel enfant sous une cloche de verre 197
Les difficultés de lecture et d'écriture 199
Le syndrome d'hyperactivité avec déficit de l'attention
(TDAH) 201

CHAPITRE 17
De Locke à Spock

Les neurosciences peuvent-elles aujourd'hui
nous apprendre à vivre avec nos enfants ? 211
Entraîner le cerveau du nourrisson 211

CHAPITRE 18
Le respect des droits de l'enfant

Références bibliographiques 221

Index 225

Remerciements 229

N° d'édition : 7381-2046-Y
Dépôt légal : février 2008

Cet ouvrage a été composé et mis en pages
chez NORD COMPO (Villeneuve-d'Ascq)